Osprey DUEL

オスプレイ "対決" シリーズ
6

パンター vs シャーマン
バルジの戦い 1944

[著]
スティーヴン・J・ザロガ
[カラーイラスト]
ジム・ローリアー
ハワード・ジェラード
[訳]
宮永忠将

PANTHER vs SHERMAN
Battle of the Bulge 1944

Text by
Steven J. Zaloga

大日本絵画

◎著者紹介

スティーヴン・J・ザロガ　Steven J.Zaloga
1952年生まれ。ユニオン大学で歴史学の博士号を取得。次いでコロンビア大学で修士号を取得する。航空宇宙産業に関する業務を長年続け、ミサイルシステムや兵器の国際取引に明るく、防衛問題に関するシンクタンクでの分析業務もこなす。装甲戦闘車両の発展に関する著作を多数執筆していて、第2次世界大戦以降のソ連や東欧諸国のAFV研究、アメリカ軍機甲部隊に関する研究でも知られている。本書は、彼にとって最初の「対決」シリーズである。

ジム・ローリアー　Jim Laurier
コネチカット州のパイアー美術学校を優秀な成績で卒業後、絵画、イラストレーションの世界で優れた作品を発表し続けている。アメリカ空軍に対する強い興味から、航空絵画に実績を残し、作品はペンタゴンに飾られるほどである。本書では、デジタル技術による図版をすべて作成した。

ハワード・ジェラード　Howard Gerrard
ウォールシー美術学校卒業後、多くの出版社で仕事を手がける。航空美術協会会員。イギリス航空機会社賞やウィルキンソン剣型トロフィーの受賞者でもある。オスプレイのシリーズでも多数のイラストを手がけ、本書では戦闘シーンのイラストを描いている。

目次 contents

4	はじめに	Introduction
6	年表	Chronology
8	開発と発展の経緯	Design and Development
21	技術的特徴	Technical Specifications
33	戦車兵	The Combatants
47	対決前夜	The Strategic Situation
50	戦闘開始	Combat
67	統計と分析	Statictics and Analysis
74	結論	Conclusion
76	参考文献	Bibliography

INTRODUCTION
はじめに

　1944年12月から翌年1月にかけて行なわれたバルジの戦いは、第2次世界大戦の西部戦線で勃発した最後の大戦車戦となった[訳註1]。ヒトラーは、劣勢に陥った戦局を一挙に挽回しようと決心し、絶望的な賭けに手持ちの予備戦車部隊をすべて投げ込んで、情け容赦なく前進してくる連合軍に再起不能の痛打を与えようと目論んだのである。バルジの戦いの舞台となったアルデンヌの森と、そこで発生した戦車戦は、本書「対決」シリーズにとって、実に興味深い題材に満ちている。シャーマン戦車とパンター戦車の対決を想定すれば、概ね、パンターに軍配が上がるだろうと考えるのが自然だろう。数値を比較すれば、強力な主砲と良好な装甲を備えているパンターが有利であることは一目瞭然である。だが、カタログ値の比較は実戦の行方をかならずしも説明しているわけではなく、仮説はしばしば大きく覆される。他の要素――すなわち、戦車兵の資質や訓練、採用した戦術、戦場の状況――は、技術的な優劣という視点をはるかに超える影響を、戦車戦の原則に及ぼすからである。本書は、このような様々な要素の検証を前提として、バルジの戦いにおけるアメリカ軍のシャーマン戦車M4A3（76mm砲）と、ドイツ軍のパンターG型、2つの中戦車の比較を試みる[訳註2]。

　世間一般に出回っている関連書籍の大半は、戦車同士の戦場における実力を比較する際に、技術面の優劣に注目している。しかし、第2次世界大戦の作戦を調査していくと、違うことが見えてくる。作戦面の研究成果はいわゆる軍事専門家の外にまで広がることはないが、その結論は、大戦中の戦車戦に関する技術的研究とは際立った違いを見せているのである。戦車戦の勝利を決定づけ、敵を打ち負かす要素は技術的な優劣によってもたらされるものではなく、重要なのは、誰が先に敵戦車を発見し、これと戦闘を繰り広げ、そして初弾を叩き込むか、その違いであることを、作戦面からの研究成果は明らかにしている。

　第2次世界大戦の戦車研究は、戦車部隊の主要任務が対戦車戦であるという間違った思いこみから出発している。1944年から1945年にかけての

訳註1：ヒトラーは東西の両戦線で悪化する戦局を挽回するために、1944年12月16日に西部戦線で一大攻勢に出た。ベルギー南東部からルクセンブルクにかけて広がるアルデンヌの森林地帯からの戦車部隊の突破によって連合軍を分断し、米英連合軍の補給港であるアントワープを突いて、連合軍第21軍集団を孤立させるという戦略的構想である。これは1940年5月の対フランス戦の勝利を決定づけた戦略の応用でもある。ドイツ軍の立場からはアルデンヌの戦い、アルデンヌ攻勢、あるいは作戦名から「ラインの守り」作戦などと呼ばれるが、連合軍側からはバルジの戦いと呼ぶのが一般的である。これは攻勢限界に達したドイツ軍の戦線が典型的なバルジ（三角形の突出部）を形成していたことに由来する。本書では、以上の戦役名称を文脈に応じて使い分けているが、すべて同じ戦役を指していることに注意。

訳註2：本書では1944年春から量産化が始まったドイツ軍のV号戦車パンターG型と、1944年6月のノルマンディ上陸作戦以降がデビュー戦となった76mm戦車砲搭載型のM4シャーマンの対決を扱っている。特にシャーマンについては、76mm砲搭載型であることを区別するためにM4A3（76㎜）のような表記を使用している。搭載している砲の種類にこだわらず、一般的なシャーマン戦車を指す場合は、この表記は使用していない。また、パンターに関しては初期生産型のD型や、その改良型であるA型は基本的に登場しないが、生産型にこだわらずこれらを指す場合は、パンターないしパンター戦車という呼び方をしている。なお、本書の前作にあたる対決シリーズ4「パンター vs T-34」は、主に初期生産型であるパンターD型の戦歴を扱っている。

1945年1月17日、ボヴィニー近郊で撃破されたパンターの脇を通過する第774戦車大隊C中隊所属のM4A3（76mm）。同大隊はバルジの戦いの後半戦で、第83歩兵師団を支援していた。（国立公文書館）

訳註3：諸兵科連合とは、歩兵や戦車、砲兵などを有機的に組み合わせ、相乗効果によって総合的な戦闘力を高めることを目的とした部隊編制と戦術を概念化した用語である。敵の防衛拠点に戦車や歩兵がばらばらに攻撃を仕掛けるよりも、まず砲兵が叩き、歩兵がこれに続いて拠点を無力化した後に、戦車がその穴から突破して戦果を拡張するといった連続的な戦い方によって、戦闘効率に優れ、大きい効果が期待できる。

時期、ヨーロッパ北西部で行なわれた戦いでは、アメリカ軍、ドイツ軍双方の戦車部隊にとって、戦車戦を主体とするような展開は起こらなかった。戦車は諸兵科連合部隊の先鋒兵器という位置づけであり [訳註3]、常に歩兵と共同して敵防御拠点を攻略後、突破口から迅速に進出して戦果を拡張する役割を与えられていた。そして大抵は、こうした任務は敵歩兵部隊との戦いに終始する傾向にある。もちろん、敵の戦車部隊との遭遇戦も発生するが、よほどの大作戦でもない限り、頻繁には起こらない。戦車戦は、第2次世界大戦の戦車にとっては花形任務であるが、頻発するものではないし、最重要任務というわけでもない。

シャーマン戦車と比較すると、パンター戦車は恐るべき威力の主砲と、優れた装甲を持った戦車であるが、バルジの戦いでは実に不本意な活躍しかできなかった。経験豊富な戦車兵が駆るパンターが相手では、シャーマンは手も足も出ないだろう。しかし、一握りの戦車エースがもたらす勝利は、大半の戦車兵が為しとげた平凡な戦果を超えることはなかったのだ。1944年から1945年にかけての冬の時期、ドイツ国防軍の大半の戦車兵は最低限の訓練しか受けていない兵士ばかりだった。こうした悪条件が、脆弱なエンジンおよび足回りや、燃料、予備パーツの不足など、様々な不安定要因と影響し合って、ドイツ軍戦車兵の質は大いに低下していた。そのことが数多くの敗北を引き起こし、車両や装備の喪失に繋がっていったのである。

第2次世界大戦は、技術的優位と同じくらいの比重で、兵器の量に依存した戦争でもある。バルジの戦いで、シャーマンはパンターに比べ、機械的信頼性に優り、数でも凌駕していた。シャーマンは、機甲師団だけの装備ではなく、歩兵師団にも充分な数が配備されていた。したがって、パンターを相手には互角の勝負ができなくても、どこにでも存在することで、戦場で要求された任務をこなすことができたのである。

関連年表──CHRONOLOGY

1941年
2月　シャーマン戦車の開発が始まる。
12月　パンター戦車の開発が始まる。

1942年
2月　M4A1（75mm）の生産が始まる。
6月　M4A3（75mm）の生産が始まる。
11月　パンター戦車D型の生産が始まる。

1943年
6月　T23砲塔（76mm）搭載型のM4開発が始まる。
8月　パンター戦車A型の生産が始まる。
9月　パンターD型の生産終了。
12月　M4A1（75mm）の生産終了。

1944年
1月　M4A1（76mm）の生産が始まる。
3月　パンター戦車G型の生産が始まる。
4月　M4A3（76mm）の生産が始まる。最初の76mm砲搭載型シャーマンが欧州戦域に到着する。
7月　パンターA型の生産終了。
8月　M4A3E8（76mm）の生産が始まる。
10月11日　「ラインの守り」と命名されたアルデンヌ攻勢の草案が、ヒトラーに提出される。
10月22日　ドイツ軍の主要将官にアルデンヌ攻勢の意図が伝えられる。
11月　初旬より、最初の攻撃部隊がアイフェルに移動開始する。
12月　M4A3およびM4A3E8（76mm）が生産終了。
12月16日　アルデンヌの森に展開しているアメリカ軍前進拠点に対する準備砲撃と共に、アルデンヌ攻勢が始まる。
12月25日　欧州戦域の部隊に最初のM4A3E8（76mm）が配備される。

1945年
2月　M4A3（75mm）が生産終了。
4月　パンターG型が生産終了。

SS第12戦車連隊第1中隊所属のパンター戦車。12月18日0730時、同部隊はクリンケルトに向かう路上で戦闘を開始。同部隊の5両のパンターのうち4両は、バズーカ班ないし対戦車砲によって撃破され、写真のパンターは1100時前後にビューリンゲン街道沿いに逃げる途中を、第644戦車駆逐大隊のM10戦車駆逐車によって撃破された。車体後部にはバズーカによるものが11箇所、57mm対戦車砲が数箇所、そして3インチ砲が3箇所と、多数の命中痕があり、パンターの優れた防御力を証明している。（国立公文書館）

写真はトロワ・ポンからマンエーへの路上で撃破された、SS第2戦車連隊所属のパンターG型である。1月初旬、該当地域を奪回したアメリカ軍の検分を受けている。

第774戦車大隊A中隊所属のM4A3（76㎜）とその戦車兵。車体は石灰塗料で白く塗られている。1945年1月17日、ユビエヴァルにて撮影。バルジの戦いにおけるアメリカ軍の反攻時に、大隊は第83歩兵師団の編成に入っていた。

開発と発展の経緯
Design and Development

■パンター戦車

　1941年6月、ソ連に侵攻した際に直面したT-34ショックを契機として、ドイツ国防軍ではパンター戦車の開発が始まった。初期のパンター開発については、同じ対決シリーズ4の「パンター vs T-34」に詳述されている。
　パンターの登場は、ドイツ軍の戦車設計思想が従来から大きく変化したことの証明であり、その軍事的な影響は将来にわたって続くものとなった。1942年までは、ドイツ軍の中型戦車は敵国の中戦車と同等か、場合によっては軽量でさえあった。ドイツ軍が攻撃側にいて、戦車部隊の主要任務が歩兵の作った突破口からの戦果拡大であるうちは、自軍戦車が軽装甲、軽武装であることは大して問題視されなかった。この場合、重要なのは速度と機動力だからだ。当時の主力戦車であるIII号戦車やIV号戦車は、確かに戦車戦においては不満が残る性能ではあったが、機動戦を重視した作戦では信頼性と耐久性に優れた、理想的な戦車だったのである。ところが1942年後半になり、ドイツ軍が敗勢に陥ると、機動力と耐久性に重点を置いた攻撃的な仕様は抑えられ、火力と重装甲でソ連の戦車を凌駕しようという、防御的な方向性が戦車設計に盛り込まれるようになる。そして、広大なロシアの平原から押し寄せてくるソ連の大戦車軍団に対抗する目的で注目されたのが、新型の長砲身7.5cm砲であった。もっとも、主砲として7.5cm砲が注目されたと言っても、パンターの車体は、1941年時点では22トンで抑えられるものと想定されていたが、これが徐々に大型化して、生産タイプは40トンに達したのであった。装甲の材料となる希少金属の供給量が減少したことで [訳註4]、装甲板には表面浸炭方式と複雑な防弾溶接が求められた。また、一刻も早く量産ラインに乗せることが優先されたため、増加する一方の車体重量が駆動系に与える悪影響には、さほど注意が払われていなかったが、もともとパンターのエンジンと最終減速機は、ずっと軽量だった初期試作車両向けに作られたものであり、配慮の無さは信頼性の欠如となって跳ね返ってきたのである。交戦国の基準に照らし合わせれば、パンターは重戦車と呼ぶべきである。しかし、現行のIII号戦車とIV号戦車の後継中戦車として開発が始まったために、コストと作業工程が生産の規模を制限することになった。1944年までに、ドイツ国防軍は従来の戦車部隊編制に変えて、パンターとIV号戦車の混成からなる部隊編制への切替を強いられたため、補給と訓練に関して厄介な問題を抱え込むことになった。
　パンターの設計には、大量生産への配慮よりも、より優れた製品を作ることに価値を見いだす、ドイツ工業界の職人気質が色濃く反映されている。例えば、伝統も実績もあるダイムラー・ベンツ社のリーフ・スプリング式

訳註4：第2次世界大戦においてドイツは希少金属の安定供給が難しくなることを見越して、装甲板の素材に使用する希少金属の含有量を段階的に減らすことに成功している。したがって、一概に鉱物資源の枯渇が品質低下に繋がったと断じる事はできない。パンターの工学的所見については弊社刊行の『パンター戦車』（ヴァルター・J・シュピールベルガー著）に詳しい。

のサスペンションを採用せずに、より進化したトーションバー方式を採用したり、転輪部を複雑な挟み込み式配置にしたりと、枚挙にいとまがない。確かに、このような工夫によって不整地走行が快適にはなったが、別にそれで戦術的に有利になるわけではなく、生産コストと戦場での整備の両方で、手間が増える弊害さえもたらしている。パンターは古くから工業界に用いられている格言、すなわち「完璧を求め、最善を損なう」の実例と呼ぶにふさわしい。設計者の放縦な要求を盛り込みすぎた結果、パンターは生産性を損なった贅沢な兵器となってしまい、戦場では常に数で上回る敵に苦しむことになったのである。

　広大な東部戦線での要求を満たすため、戦車部隊を強化する必要に迫られていたドイツ国防軍は、パンターの開発に大きく期待していた。1942年9月の時点で、ヒトラーは1944年春までに装甲戦闘車両の月産台数を、パンター600両を含む1400両にするように要求している。軍需相アルベルト・シュペーアとドイツ軍需産業界に課せられたヒトラーの戦車生産要求に対する回答は、1943年1月の時点でも月産1200両でしかなく、ついに目標が達成できないまま、1944年夏の連合軍大反攻を迎えてしまうことになる。激怒したヒトラーは、米ソの月産台数に匹敵する1500〜2000両の生産ペースを実現するよう、シュペーアに厳命した。しかし、1942年初頭には軍需生産量の3.8％を占めるに過ぎなかった戦車生産が、1943年末には7.9％と2倍に跳ね上がるまで最優先され、総生産数も、6,180両から12,013両になったにもかかわらず、ヒトラーが設定した目標数値は達成できなかったのである。

　確かにパンターは、第2次世界大戦における最高の戦車と呼ぶにふさわしい潜在能力を秘めているが、1943年にクルスクの戦場に登場した初期型は、信頼性の低さを露呈している。1943年に配備されたパンターD型の前線稼働率は、平均すれば25％程度でしかない。加えて、新兵器には付き物の機械的なトラブルもあったので、実際の稼働率はさらに悪化している。1943年を通じて、欠点が一つ一つ潰されて、状況は徐々に改善に向かう。結果、1943年7月末には16％に過ぎなかったパンターの作戦稼働率は、12月までに37％にまで上昇している。

　いささかややこしいが、1943年8月からパンターD型の改良型となるパンターA型の生産が始まった。A型には、D型の運用実績から見つけ出さ

1944年7月にノルマンディに投入された戦車教導師団が装備していたパンターは、アメリカ軍の戦車兵にとって恐怖の的であった。しかし、戦車連隊の戦術が適切ではなかったため、この夏の戦いでパンターが実力を発揮したとは言い難い。写真のパンターA型は、8月上旬にファレーズ近郊で撃破された車両である。（国立公文書館）

アルデンヌ攻勢が始まるまでに、パンターを装備していた連隊では車体を改良したパンターG型への置き換えが始まっていた。写真はニュルンベルクのMAN社での試作車で、ゴム省力型鋼製転輪を使用した、派生車両である。（国立公文書館）

れた不具合に対する修正がほぼ盛り込まれている他、新しい車長用キューポラを搭載した新型砲塔を採用している。そしてA型の登場後も、1943年から翌年にかけて絶え間ない改良が続けられ、1944年2月には37%だった作戦稼働率は、4月には50%に上昇し、5月末には78%まで到達した。パンターの西部戦線デビューは1944年2月、アンツィオ橋頭堡に対する反撃作戦であるが、この時は、散発的な戦いしか経験していない。地面がぬかるんでいたことを考慮し、パンターの投入をためらった現地司令官が予備部隊に廻したためである。結局、同年5月まで、イタリア戦区のパンターは積極的な攻撃には出られなかった。

　1943年を通じ、ドイツの戦車製造工場は苛烈な戦略爆撃の対象となったが、パンターの製造ラインは1944年夏まで無傷で残っていた。しかし、

PANTHER SIDE-VIEW

8.6m

このような幸運に恵まれてもなお、パンターの月産台数が600両に達することはなく、1944年7月の379両という実績が生産のピークだった。連合軍による戦略爆撃は戦闘機工場を優先目標としていたため、戦車の生産設備に対しては、バラバラに工場を破壊するのではなく、戦車生産に不可欠な部品に絞って調達不能な状況に追い込もうと計画していた。狙いはマイバッハ工場、ティーガーやパンターのエンジン生産設備を叩こうというのである。1944年4月27日から28日にかけて行なわれたイギリス空軍の夜間爆撃によって、工場は同年9月まで操業不能の状況に追い込まれた。これでパンターの生産が行き詰まるかと思われたが、事態を予想していたシュペーアは、生産拠点を分散させる方策を実施に移しており、5月には2番目のエンジン生産拠点となるシーグマールのアウト＝ウニオン工場が稼働

パンター G型三面図

パンター G型（1944年12月ベルギー、ラ・グレーズ、バイパー戦闘団、SS第1戦車連隊第Ⅱ大隊）

諸元
乗員5名（車長、砲手、装填手、操縦手、無線手）
戦闘重量44.8トン
出力重量比15.5馬力／トン
全長8.6m
全幅3.4m
全高2.9m

動力
エンジン　マイバッハ製HL230P30 12気筒
最大出力　700馬力（3000rpm）
変速機　AK 7-200　前進7速／後退1速
燃料　720リッター

走行性能
最高速度（路上）　55km/h
最高速度（不整地）30km/h
航続距離　70〜130km
燃費（路上）2.8リッター/km（不整地）7リッター/km
接地圧　0.88bar

兵装
主砲　7.5cm KwK42 L/70（7.5cm 70口径42式戦車砲）／7.62mm同軸機銃
副次兵装　MG34機関銃 x2
砲弾　主砲82発／7.92mm機関銃弾4,200発
装甲　100mm（防盾）、45mm（砲塔側面）、80mm（車体前面の傾斜装甲）、40mm（車体側面）

PANTHER FRONT-VIEW

3.4m

PANTHER REAR-VIEW

2.9m

写真の奇妙な戦車は、アメリカ軍のM10戦車駆逐車に模した擬装M10／パンターで、オットー・スコルツェニーSS中佐が率いる第150戦車旅団に配備された特殊車両のうちの1両である。ガーシュテンシュレーガー中尉の車両は、12月21日、マルメディを巡る戦いに参加し、ラ・ファリーズのカフェに頭から突っ込んで放棄された。（国立公文書館）

し始めたため、きわどいところでドイツの戦車生産ラインは停止を免れた。

　1944年春までに、ドイツでは兵器の設計を簡素化して生産力を向上させようという動きが活発になった。パンターについては、中断していたパンターIIで採用される予定だった仕様が、現行のパンターG型に盛り込まれる見通しとなる。これにより、側面装甲のデザインが簡素化されると共に、装甲の厚さも40mmから50mmへと増加した。細部の変更は、車体の乗員用ハッチや操縦手用のスライド式ペリスコープ、冷却システムの改善など、数え上げればきりがない。パンターG型の生産は1944年3月に始まったが、上記の変更点を反映した車両が西部戦線に現れたのは、晩夏に入ってからのことである。これはパンターの標準タイプとして終戦まで生産され、バルジの戦いでも主力を務めたタイプとなった。

　パンターの生産量は増加を続けてはいたものの、連合軍による絶え間ない戦略爆撃と、戦局の悪化に伴う鉱物資源の枯渇から、1944年7月を境に減少に転じた。1944年2月には、ウクライナ占領地にあったニコポリとクリヴォイ・ログのマンガン鉱山を喪失する。ノルウェーのクナーベン鉱山から得られるモリブデン鉱石は、連合軍の爆撃によって輸送路が破壊されてしまい、同じ時期にフィンランドや日本から得る道も断たれている。結果として、装甲板のモリブデン含有量は、1943年の0.55%をピークに、翌年は0.25%まで低下し、1945年にはまったく含有されなくなってしまった。当然、装甲板の質は大幅に劣化している。工場における焼き入れ技術の低下も相まって、硬度こそ維持しているものの、壊れやすくなってしまい、衝撃耐性に劣るようになってしまったのである。ある統計によれば、パンターの装甲板の約半数が欠陥品であり、期待数値より10〜20%も能力が低下していたという数値が導き出されている。戦車工場では、多くの外国人労働者を使った強制労働が恒常化していたため、品質管理の劣化は隠しようがなかった。近年、博物館で進められているパンターの復元作業によって、燃料や潤滑油の中に異物を混入させるサボタージュが頻繁に行なわれていたことが明らかになっている。

　1944年8月になると、イギリス空軍とアメリカ陸軍航空隊は、協同してドイツの戦車及び戦闘車両工場への爆撃を強化した。パンターの主力生産工場である、ニュルンベルクのMAN社工場は9月10日の爆撃で甚大な被害

を受け、数に換算すれば645両の戦車に相当する、向こう4ヶ月分の生産量が失われた。ダイムラー・ベンツ社の工場も無視できない損害を被ったが、2番目に重要視されていたMHN工場（機械製工所ニーダーザクセン＝ハノーファー）は、1945年3月まで攻撃目標とはされなかった。カッセルにあったヘンシェル社のケーニヒス・ティーガー生産工場に対する爆撃の大成功を除けば、連合軍による戦車生産設備への爆撃作戦は失敗であり、10月までには爆撃そのものが下火となっている。その後も、バルジの戦いが勃発したために、やや再燃した程度に留まった。しかし、工場に対する空襲は、連合軍首脳部が期待していたような即効性のある効果こそ見せられなかったが、ドイツ軍戦車部隊に対しては無視できない影響を及ぼしている。シュペーアはトラックなどの生産設備を戦車用に振り分けるなどして、1944年末まで、戦車の生産数を一定の水準まで保ってきた。さらに重要なことは、パンターの部品生産量を抑えたことである。1943年時点では、生産した戦車数に対して25〜30％に相当する予備備品を生産することが取り決められていた。しかし、これが1944年夏になると、例えばマイバッハ社のエンジンについては、予備部品が15％まで減らされているだけでなく、秋にはさらに半分の8％まで減少した。空襲がもたらした隠れた戦果は、バルジの戦いの最中に、ドイツ軍戦車連隊を苦しめ続けることになった。パンターの泣き所、最終減速機のトラブルはいまだ続いていたため、予備部品のストックが急速に底を突き始めたからである。1944年12月に、作戦に備えて補充となるパンターの新車がアルデンヌの部隊集結点に送られたが、前線に届く前に、多くの車両が部品取りのために姿を消すことになった。というのも、すでに前線部隊に配備されていたパンターの多くが、部品の交換整備を必要とする状態だったからである。

　だが、1944年夏、ドイツの主要な原油供給源だったルーマニア喪失にまさる致命傷は考えにくい。結果として、操縦手訓練用の燃料は大幅に削られたが、このような環境で育成された戦車兵が、アルデンヌの戦いでは新兵として割り当てられてきたのである。パンターは、操縦が難しい部類に入る戦車であり、未熟な操縦手による操作は、駆動系のトラブルを頻発させ、故障を起こす悪循環をもたらした。部隊の作戦能力は明らかに低下

アルデンヌの戦いに投入されたパンターは、ほとんどが9月から11月にかけて生産された車両である。写真は第9戦車師団第9戦車連隊第II大隊所属のパンターG型で、バストーニュ西方を巡る戦いで窮地に陥っていた第2戦車師団の救援作戦中に撃破された車両である。第83歩兵師団のGIが検分している場面。（国立公文書館）

し、故障が発生した場合も、もし速やかに修理ないし回収されなければ、大抵の場合、車両が遺棄される結果となった。

　技術的には極めて優れていたにもかかわらず、パンターを装備していた戦車大隊の戦闘力は、1944年夏の時点でアメリカ軍と比較して全面的に劣っていた。戦車教導師団に配備されたパンターにとって初任務となった、7月中旬のル・デセールでの反撃作戦は、多数の戦車を失って大失敗に終わっている。師団長は、北フランス特有のボカージュで不可避の接近戦には、パンターが不向きであることを失敗の原因としてあげている。ノルマンディを突破したパットン第3軍を孤立させるため、アヴランシュを作戦目標として行なわれたリュティヒ作戦は［訳註5］、戦車の技術的な問題ではなく、戦術のミスが導いた敗北としてあげられる。9月に入り、フランクフルトに向けて急進中のパットン第3軍をロレーヌで押しとどめるべく、新編の戦車旅団を投入したヒトラーの博打は、パンターにとってもっとも惨めな戦いとなった。訓練不足のままパンターに放り込まれた新米戦車兵は、アラクールを巡る激しい戦車戦の渦に巻かれて、大敗を喫している。この戦いはアメリカ軍にとって、バルジの戦いに次ぐ規模の大戦車戦であり、パンターを打ち負かしたことで、大きな反響を得ていたのである［訳註6］。

■M4A3シャーマン（76㎜）

　M4A3（76㎜）はシャーマン系戦車の第2世代にあたる。第1世代のシャーマンは、暫定的に採用されていたM3リー／グラント中戦車に替わる本格的中戦車として、1941年春に開発が始まった。生産は1942年2月から始まるが、生産工場やメーカーが多かったため、主に使用しているエンジンによって様々なサブタイプに分けられている。溶接車体にコンチネンタル製星形航空機用エンジンを搭載したのがM4で、同じエンジンを鋳造車体に搭載したのがM4A1である。M4A2はトラック用のディーゼルエンジン2基を搭載し、M4A3はフォード社が航空機エンジンを戦車用に改良した

訳註5：本書ではたびたび、「1944年夏の戦い」や「ノルマンディの戦い」といった記述が出るが、これはすべて1944年6月6日（Dデイ）に行なわれたノルマンディ上陸作戦と、それに続くノルマンディ半島の攻防戦を指している。連合軍は充分な戦力を上陸させて戦ったが、ノルマンディ地方独特のボカージュと呼ばれる生け垣に仕切られた地形を利用したドイツ軍の防御戦術に苦しめられ、連合軍の前進は遅々として進まなかった。しかし、7月25日にアメリカ軍が発動したコブラ作戦によって、サン＝ロー地区からの突破に成功すると、戦局は一変する。ドイツ軍は、この突破口が形成した突出部を切断するために、SS戦車部隊を中心とした「リュティヒ作戦」を実施するが、失敗に終わり、却って8月には反撃作戦参加部隊の多くがファレーズ地区に包囲されてしまった。この結果、ノルマンディ戦に投入されたドイツ軍戦車部隊は軒並み壊滅的な損害を受け、長期の休養と再編成を余儀なくされた。

訳註6：1944年9月、モーゼル河を渡ってドイツ国内への侵入を果たそうとするパットン第3軍に対し、ドイツ軍は新編の戦車旅団を中心とした反撃戦力を投入して、これを撃退しようとした。しかしパンター戦車を集中投入した、第111戦車旅団による9月18日のアラクールの戦車戦では、乗員練度の低さや稚拙な指揮が災いして、75㎜砲搭載型シャーマンを中心とするアメリカ第4機甲師団に完敗した。

パンターG型に施された改良点の一つに、アゴ付き砲塔があげられる。砲塔下部に命中した敵弾が跳弾となって、操縦席上部の薄い装甲を破るという事故を防ぐための措置である。写真のSS第1戦車師団に所属するパンターG型は、ボーニェの十字路を巡る戦いで弾庫が誘爆する致命傷を負って撃破された。爆発の威力で、張り出し部の底が抜けて、履帯に被さっているのがわかる。（国立公文書館）

GAA液冷ガソリンエンジンを搭載している。M4A4のエンジンはクライスラー製で、バス用のガソリンエンジン5基を扇形に連結したものである。当時は、戦車よりも航空機の生産が優先されていた。その結果、戦車用のエンジンに流用できる航空機エンジンの不足が予想されたため、代案としてエンジンのバリエーションが増えたのである。ところで、シャーマン戦車というのは、イギリス軍がM4中戦車に対して与えた名称であり、第2次世界大戦中に、アメリカ軍ではシャーマンという呼称を使用していない。しかし、すでに人口に膾炙した名前であるため、本書ではM4戦車系列をまとめてシャーマンと呼ぶことにする。

シャーマンは、新編制の機甲師団で使用されることが前提となっていた。機甲師団の主要な役割は、歩兵部隊が敵の防衛戦に穿った突破口を押し広げ、戦果を拡大するというもので、かつての騎兵部隊と同じ運用方法である。このように、シャーマンは攻勢時での活躍を前提としているため、設計段階では、火力と機動力に比べ、装甲は若干軽視されていた。その一方で、アメリカ陸軍のもう一つの戦車部隊である独立戦車大隊は、歩兵支援が任務となるためにより重装甲の戦車を求めていたが、陸軍地上軍（AGF）のレスリー・マクネアー中将は、戦車生産の規格化に固執していた。アメリカ軍は、デトロイトの工場から数千マイルも遠くの戦場で戦わなければならないため、戦車の種類が増えた結果、補給や補充に支障をきたすのを恐れたためである。これを理由として、マクネアーは前線が望んでいた突破戦闘用戦車と歩兵支援用戦車の2種類の設計要求を定義している。突破戦闘用戦車は、さほど整備を要せずとも、厳しい戦闘任務に耐える耐久性と信頼性を必要としていると定めた。この方針に従えば、戦車に対しての要求は保守的となり、すでに配備が始まっているシャーマンが、満足行く性能を発揮していたことになる。ところが、歩兵支援戦車については、装備に対する要求と、野戦指揮官が新装備に対して期待する要求の両方が戦場で結果を出さないことには、調達に向けた動きに結びつかない。確かに、

1944年7月24日、アメリカ軍がノルマンディからの大規模な突破を企てたコブラ作戦が76mm砲搭載シャーマンのデビュー戦となった。作戦に備えて、第2および第3機甲師団が各々50両の76mmシャーマンを受け取っていたが、そのほとんどがアルデンヌの戦いまで前線配備されていた。
（国立公文書館）

1945年1月上旬、ベルギーのアモニーヌ近郊で、猛吹雪の中、履帯を交換しているM4A1（76mm）の戦車兵たち。補充車両の大半はM4A3なので、この車両はノルマンディからの生き残りだろう。（国立公文書館）

　反応を見極めてから動き出す方法には、一面では合理的であるものの、時間がかかりすぎる欠点がある。野戦指揮官がまとめた理にかなった要求が、新装備に反映されて前線に現れるまでには、最悪で年単位の時間が掛かるからだ。マクネアーの二本立て構想は、シャーマンの功罪両面の核心に影響を与えている。

　1942年秋、エル・アラメインの戦場に初めて登場した時、火力と装甲、そして機動力が高度にまとまっていたシャーマンは、最良の連合軍戦車という名声を勝ち得ていた。アメリカ軍が初めて使用した、チュニジアでのデビュー戦こそケチが付いてしまったが、カセリーヌ峠での敗北は、連合軍側の将官の質や、部隊の練度不足、そして未熟な戦術教則などが原因であり、シャーマンの性能不足ではないことは、概ね正しく評価されている。その後、チュニジアと、シチリア上陸作戦の戦訓を踏まえて、シャーマンには多数の改良要求が出された。そして、1943年春からは手が付けられるところから「応急処置」が為され、改良を施された車両が続々と欧州戦域に送り込まれたのである。1944年夏に欧州戦域に展開していたアメリカ軍の戦車大隊は、主にM4とM4A1を装備している。第2世代のM4A3が配備され始めたのは、その年の暮れのことだった [訳註7]。

　前線指揮官から、シャーマンの武装強化に関する要求が上がってきたわけではないが、兵器局が主砲の改良に着手するのは避けられなかった。76mm戦車砲M1は、M10戦車駆逐車に採用されていた3インチ砲の改良バージョンで、小型の砲塔にも収まるように設計されていた [訳註8]。戦車砲M1は、現行のシャーマンにも装備することはできたが、砲塔内を占める容積がかなり大きくなり、長砲身によって砲塔の荷重バランスが悪化した結果、砲塔の旋回性能に悪影響を及ぼすことが明らかになった。この時点では、強力な対戦車能力を求める声も小さかったので、兵器局では戦車砲M1の砲身を15インチ（約38cm）ほど切り詰めて重量問題を解決しようとした。砲塔にカウンターバランスを取り付けるよりも、装甲貫通力を10%ほど低下させる処理を優先したのである。このようなアメリカの自己満足とは対照的に、イギリス軍は、1939年の2ポンド（40mm）砲から、1941年には6ポンド（57mm）砲、そして1942年には75mm砲を採用してきたよう

訳註7：本書では第2世代という用語で76mm砲搭載型シャーマンを表現しているが、ハッチ形状やペリスコープの取り付け位置などで細かくカテゴライズされる車体バリエーションを指したものではなく、主に湿式弾庫の有無やディファレンシャル・カバーの取り付け形状などで大きく区切った、76mm砲搭載型シャーマンに盛り込まれた改良点を強調するための、便宜上の区分である。

訳註8：M10戦車駆逐車が搭載していた3インチ戦車砲M7をシャーマンにも搭載可能なように小型軽量化したのが、76mm戦車砲M1A1で、砲弾はM7と共通だった。さらにマズルブレーキの装着を前提として改良されたのが76mm戦車砲M1A1Cである。

に、開戦以来、一貫して戦車の主砲および装甲を強化し続けていた。そして、後に17ポンド砲として知られる、新型の76㎜砲の開発も終えていたのである。アメリカ軍が新型戦車砲に無関心だったのに対し、イギリス戦車兵は高性能な「戦車キラー」を渇望していた。対戦車砲の威力を増加させるには、装薬量を増やし、その爆発力によって得られる加速を充分に砲弾に与えられるように、砲身を伸ばせばよい。17ポンド戦車砲の砲身は55口径長であり、52口径長の戦車砲M1と大して変わりはない。しかし、装薬量ではM1戦車砲の徹甲弾が3.6ポンド（約1.63kg）に対して、9ポンド（約4kg）と、比較にならない。一方のドイツ軍は、主砲の威力を上げるために、別の方法を採用した。装薬量は8.1ポンド（約3.67kg）ほどだが、70口径長もある長砲身を採用したのである。結果として、戦車砲M1の装甲貫通力は、距離500mで115㎜ほどだったのに対し、イギリスとドイツの新型砲は、それぞれ165㎜もの装甲を貫通できた。アメリカ軍では、対戦車戦闘を戦車の主要任務として想定してはおらず [訳註9]、積載する砲弾のうち、榴弾が占める割合は75％を超えていた。

　1943年夏になると、パンターの技術的な詳細がアメリカ軍に届き始めた。クルスク戦でソ連軍が鹵獲したパンターを、モスクワにいた西側連合国の駐在武官が検分する機会があり、この時に、写真や基本的な技術的特徴、装甲のレイアウトに関する情報を得たのである。ところがアメリカ軍では、パンターの役割について重大な誤解をしたために、この情報はさしたる変化をもたらさなかった。パンターを見た連合軍情報部は、クルスクに投入されていたティーガーと同様、軍団直轄として小規模な独立大隊を編成して使用される類の重戦車であると誤解してしまったのである。西側連合軍はすでにチュニジアやシチリア島、イタリア戦線などでティーガーと対峙した経験を持ち、これを恐るべき重戦車と認識してはいたが、遭遇頻度は稀であり、自軍の戦車に関する生産方針に変化を与えるほどとは見なしていなかった。ノルマンディ上陸のDデイも差し迫った1944年晩春になって、ようやく西側連合軍の情報部は、パンターがドイツ国防軍の戦車師団に標準配備される中戦車であることを知ったのである。すでに1944年の装備調達計画の策定は終わっていたため、この新情報は、アメリカ軍

訳註9：アメリカ軍では、戦車の任務は、歩兵部隊が形成した突破口から迅速に侵攻、展開して戦果拡張を目指すものと設定し、戦車に対戦車戦闘能力が必要であるとは想定していなかった。敵の戦車に対しては、戦車駆逐車が対処することとされ、独立戦車大隊と並行して、軍直轄の戦車駆逐大隊を編成し、歩兵師団の指揮下で使用していたのである。戦車駆逐大隊には、牽引式の対戦車砲を装備の中心とする部隊もあったが、主にM10戦車駆逐車が配備されていた。しかし、ドイツ軍の大規模な機甲突破には、戦車駆逐大隊が迅速に駆けつけて対処するという当初の想定は、まったく当時の戦況にそぐわないだけでなく、肝心の3インチ砲はパンターに歯が立たなかったため、戦車駆逐大隊は単に扱いにくい部隊となってしまい、期待はずれに終わった。

76㎜砲搭載型シャーマンとしてはM4A3がもっとも一般的である。第9機甲師団のように、1944年秋に欧州戦域に派遣された戦車部隊は例外なくこの車両を装備していた。写真のM4A3（76㎜）は第9機甲師団のA戦闘コマンド、コリンズ任務部隊に所属する第19戦車大隊C中隊の車両は、1944年12月27日、ヌフシャトーからバストーニュへの道を開こうとしている場面を撮影したものである。
（国立公文書館）

の戦車生産計画を変えられなかった。それでも、アメリカ軍では新式の76㎜戦車砲であれば、距離400mでパンター、200mまで迫ればティーガーの防盾を貫通できると信じていたが、それも淡い期待に終わるのである。

　戦車砲M1A1の採用に際しても、イギリスの17ポンド砲にはほとんど注意を払うことはなかった。陸軍兵器局は、1943年秋に17ポンド砲の実射試験を視察する機会を得たが、凄まじい発砲光に面食らい、閉鎖器から漏れる残留火焔にもショックを受けた。彼らの目には、まだ未完成の兵器として映ったのである。17ポンド砲を搭載したシャーマンが登場したのは1943年暮れであり、すでにアメリカ陸軍では1944年の戦車生産計画の策定は終わっていた。欧州戦域の戦車部隊指揮官から、対戦車兵器の改良要求がほとんど寄せられていなかったことも重要である。彼らの76㎜戦車砲がパンターには無力であるという事実が、まだ明らかにはなっていなかったのだ。現場からの要求がない以上、現行の76㎜戦車砲M1A1を調整しながら生産する方針は、理にかなっているという他ない。

　1944年のアメリカ陸軍戦車生産計画では、同年1月からM4A1のシャーシに76㎜戦車砲を搭載したタイプを暫定的に生産し、順次、M4A3に置き換えるよう定めている。M4A3はエンジン性能がもっとも優れていたため、陸軍が特に気に入っていた車両である。76㎜戦車砲を採用すると同時に、湿式弾庫の取り付けをはじめとする車体の改良も行なわれているが、これもシャーマン第二世代の特徴である。チュニジアとイタリアの戦いで、シャーマンは砲弾の誘爆に弱いことを露呈していた。湿式弾庫の採用によって、砲弾は弱点となるスポンソン（車体側面の履帯上に張り出した部分）から床下の弾庫へと移された。破片が貫通して砲弾を誘爆させる可能性を抑えるために、砲弾を収納する箱にも装甲が施され、仮に装甲箱を貫いて

SHERMAN SIDE-VIEW

24.2ft

きた破片があっても、内部に満たされた水によって砲弾に引火する可能性はかなり減少している。同じ戦車生産計画では、この第二世代のシャーマンについて、75mm戦車砲と76mm戦車砲搭載型のそれぞれを並行して生産する予定でいたが、状況に応じて76mm戦車砲搭載型の割合を増やせるようになっていた。

　M1A1（76mm）の初期生産型130両は、1944年4月に出荷され、イギリスに送られた。しかし、アメリカ軍戦車部隊の指揮官は、この戦車をまったく評価していなかった。というのも、76mm戦車砲用榴弾の装薬量は、75mm砲の半分に抑えられていたからである。パットンに至っては、麾下の部隊に対するM4A1（76mm）の配備を、頑として受け入れようとはしなかった。また、M1A1（76mm）はもともと、パンターやファイアフライと

M4A3シャーマン（76mm）三面図

M4A3（76mm）（1945年1月ベルギー、バストーニュ、第11機甲師団、第22戦車大隊C中隊）

諸元
乗員5名（車長、砲手、装填手、操縦手、副操縦手）
戦闘重量　36トン
出力重量比　11.3馬力/トン
全長　24.2フィート（7.37m）
全幅　8.9フィート（2.71m）
全高　11.2フィート（3.41m）

動力
エンジン　フォード製GAA 8気筒
最大出力　500馬力（2600rpm）
変速機　シンクロメッシュ／多板式クラッチ　前進5速／後退1速
燃料　172ガロン（651リッター）

走行性能
最高速度（路上）　38.4km/h（24mile/h）
最高速度（不整地）　25.6km/h（16mile/h）
航続距離　160km
燃費　4リッター/km（1.7ガロン／mile）
接地圧　14.5psi（12.3psiエンドコネクター装着時）

兵装
主砲　76mm戦車砲M1A1 M62砲架／7.62mm同軸機銃
副次兵装　12.7mmブローニングM2 HB重機関銃（砲塔）／7.62mmブローニング軽機関銃（車体）
砲弾　主砲71発
装甲　89mm（防盾）、63mm（砲塔側面）、63～108mm（車体前面）、38mm（車体側面）

SHERMAN FRONT-VIEW

8.9ft

SHERMAN REAR-VIEW

11.2ft

は異なり、マズルブレーキを採用していなかったことから、命中するとしないとに関わらず、初弾発射後の状況判断が困難になるほど、砲撃時に巻き上げてしまう土埃が酷かった。結果として、初期生産型の130両のM1A1（76㎜）は、Dデイに先立ち受領しようとする部隊が現れず、そのまま兵器廠に捨て置かれる状態になっていた。

　1944年夏にシャーマンが見せた働きは、パンターのそれとは著しい対照を為している。アメリカ陸軍が戦車に対して信頼性を最優先に求めており、アバディーン兵器試験場で、シャーマンは徹底的に耐久性試験を繰り返されていた。また、シャーマンはアメリカ軍だけではなく、イギリスやソ連、自由フランス軍など、様々な軍隊で使用することが前提となっていたため、大量生産に適するように、規格化と単純化を重視した設計となっていた。結果、シャーマンの作戦稼働率は常に90%を超えていただけでなく、整備性もパンターが比較にならないほど優れ、予備部品も潤沢だった。1943年の生産数を比較しても、パンターが1,830両に留まっていたのに対し、シャーマンは実に2万1,250両に達している。両軍の、この余りにもかけ離れた違いは、単に戦車生産に対する哲学の違いと言うには留まらない。むしろ、両軍が置かれていた戦略的な状況を見てみる必要がある。電撃戦が欧州を席捲していた頃のドイツ国防軍は、まさにシャーマンと同じような、軽量で安価、かつ信頼性に優れた戦車を好んでいた。しかし、1943年を境に後退局面に突入すると、数や信頼性、あるいは作戦的な機動力よりも、火力と装甲を重視するようになっていたのである。

技術的特徴
Techinical Specifications

■装甲

　パンターの装甲は、シャーマンよりもはるかに優れている。パンターG型の正面装甲は厚さ80mmの圧延均質鋼鈑で、垂直面に対して55度の傾斜が加えられているので、理論的な強度は厚さ145mmの同質装甲に相当する。もっとも、傾斜装甲が理論値どおりの強度を発揮するかどうかは、砲弾の種類にもよる。また、パンターの砲塔正面は厚さ100mmの半円形鋳造防盾で覆われている。しかし、この防盾の形状が、パンターの弱点となった。防盾下部への正面からの命中弾が、そのまま跳弾となって車体上面の薄い装甲を突き破り、直下にある弾庫を直撃するトラップショットが頻発したのである。この問題を解決するために、1944年9月から外縁装甲板、いわゆる「アゴ付き」の防盾が導入されるようになったが、しばらくの間は旧来の防盾が用いられていた。M4A3（76mm）がパンターと対峙した場合、射撃距離500mで垂直装甲板に対して116mmの貫通性能しかない通常のM62被帽徹甲弾では、防盾の跳弾によるトラップショットを期待する以外、歯が立たなかった。

　しかし、正面装甲にはほとんど隙がないパンターも、側面装甲はそれほど優れてはおらず、砲塔側面では45mm（傾斜25度）、車体側面で50mm（傾斜30度）と、それぞれ想定した命中角を考慮に加えたとしても、実質的に垂直換算で50〜60mm程度の強度でしかない。これは、一般的な交戦距離において、M4A3（76mm）の攻撃が有効打になることを意味している。また車体側面のスポンソンに52発の砲弾を収納している構造上、この部位からの貫通弾は、しばしば致命的な誘爆を引き起こす原因となっている。また、上面装甲、とりわけエンジン周辺の装甲防御力も凡庸である。エンジンの冷却を兼ねた空気取り入れ孔の数が多いため、エンジン部は直上での砲弾の炸裂や、航空機からの機銃掃射に対して脆弱だった。

　M4A3（76mm）の正面装甲は、厚さ63mmで、47度の傾斜角が加えられており、鋳造式の砲塔防盾は厚さ91mmである。どちらも、一般的な交戦距離においては、パンターの7.5cm砲を防げなかった。車体上部の装甲は垂直で38mmであり、これもパンターが相手では話にならない。しかし、スポンソンに砲弾を収容していた初期型シャーマンと比較すれば、床下収納式の湿式弾庫を備えたM4A3（76mm）では、砲弾への直撃による被害が減少する上、どのような形であっても、貫通弾がもたらす破片による誘爆の可能性を大幅に減らすことができた。1945年に軍が実施した調査に拠れば、初期型シャーマンでは撃破原因の60〜80%を占めていた砲弾からの誘爆が、湿式弾庫を備えたシャーマンでは10〜15%まで減少していたと結論されている。

ガソリンエンジンを使用していることもあって、シャーマンには火災被害を受けやすいという印象がついて回っていた。この定説は2つの理由からはっきりと誤りであることが証明できる。パンターをはじめ、大半のドイツ軍戦車はガソリンエンジンを採用しているが、彼らが直面した火災事故の大半は、弾庫への被害からもたらされている。第2次世界大戦に投入された戦車の大半は、車体の前方に砲弾を収容する構造になっていたが、当然、戦闘中は車体後部の燃料タンクよりも、この弾庫に被害が及ぶ命中弾が発生する可能性が高い。そして、ひとたび砲弾が発火してしまえば、これを止める術はない。積載している砲弾への延焼が始まれば、もう車両を放棄する以外にはないのだ。パンター、シャーマンどちらも、ガソリンに引火した場合に備えて消化システムが備え付けられているが、果たして役に立つかどうかは、出火した状況に大きく左右される。パンターと比較して、シャーマンが燃料系の火災に脆弱という客観的な事実はない。ただ、装甲防御力が劣るために、貫通弾が多く発生し、その結果として炎上喪失が増えてしまったのである。パンターはパンターで、駆動系に使用していた油圧系統や、燃料パイプの破損、エンジンのバックブラストなどによる火災の多さで、ドイツ軍戦車兵の間では非常に評判が悪かった。しかし、優れた装甲防御力によって、戦闘中の貫通弾が原因となって撃破される可能性はかなり低かったのである。

■攻撃力

　戦車戦を想定した場合、M4A3（76㎜）に対するパンターの優位は揺るがない。パンターが搭載する7.5㎝戦車砲KwK42は、通常、Pzgr.39/42風帽被帽付徹甲弾を使用する。この徹甲弾にはわずかではあるが炸薬が充填されていて、目標の装甲を貫通後に爆発するようになっている。その結果、弾庫の誘爆を促進することになる。貫通性能は、距離500mで垂直鋼鈑に

写真のとおり、シャーマンの76㎜戦車砲に対して、パンターは驚くべき強靭な装甲防御力を発揮していた。これは1945年2月、フランスのサヴェーニュにて鹵獲したパンターG型を標的的に行なわれた射撃試験の結果を撮影したもの。8発の命中弾のうち、5発は装甲に弾かれている。1発は防盾を貫通し、防盾下部に当たって車体上面へのトラップショットとなっている。また、別の1発は、車体下部との溶接部分に命中して傾斜装甲を破損させている。
（国立公文書館）

かなりの火器が、パンターの側面装甲にとっては侮れない脅威となった。写真のパンターは、1945年1月13日、ウーファリーズの北東部にあるラングリールでの戦いで、57mm対戦車砲によって撃破されたSS第9戦車師団のパンターG型である。砲塔後部に描かれた車体番号「121」の下に貫通痕が確認できるだろう。時代遅れとはいえ、勇敢な兵員が操作する57mm対戦車砲は、アルデンヌの森に投入されたパンターにとっては、充分な脅威だった。（国立公文書館）

換算して168mmであり、シャーマンを相手にするには強力すぎるほどである。1943年を通じて、ドイツ工業界はタングステン性の弾芯を用いた強力なPzgr.40/42風帽被帽付徹甲弾を1万8,800発ほど生産しているが、タングステンの供給途絶から生産中止となっていたため、バルジの戦いではさほど使用されなかった。戦争中の調査によると、パンターが直面した平均交戦距離は約850mで、1,400mから1,750mとなると全体の5%ほどに減少し、さらにこれを超える交戦距離となると、実例はほとんど見あたらない。他にもパンターは、車体の球状銃架と同軸機銃、そして追加装備として車長用キューポラの3カ所に7.62mm機銃を搭載している。国防軍では、攻撃用武装としての機銃の役割をアメリカ軍ほど重視していなかったため、重機関銃は搭載していない。

　一方、アメリカ軍のシャーマン（76mm）の戦車砲M1A1が通常使用する徹甲弾は、M62A1被帽付徹甲弾で、距離500mで116mmの垂直鋼鈑を貫通できる力を有していた。パンターのPzgr.39/42と同様に、この徹甲弾にも0.44ポンド（約200g）の炸薬が詰まっていて、装甲貫通後に炸裂するようになっていた。しかし、この徹甲弾では、実質的にパンターの正面装甲を貫通できず、200mまで接近して、ようやく防盾の貫通が期待できる程度であった。一方、パンターの側面装甲ならば約1,800mからの命中でも貫通できる。欧州戦域におけるシャーマンの平均交戦距離は約800mである。しかし、ノルマンディ上陸作戦に続く戦いで、戦車砲M1A1の徹甲弾が、パンターに対して非力であることが明らかになると、改良砲弾の開発が突貫作業で進められた。薬室形状の制限から、砲弾の装薬量を極端に増やすわけにはいかなかったが、弾芯にタングステンを使用し、装薬にも改良を加えた新型のT4高初速徹甲弾を開発したことで、攻撃力は大幅に改善した。貫通能力は、距離500mで垂直鋼鈑208mmとなり、M62被帽徹甲弾の約2倍の能力である。T4高初速徹甲弾の最初の生産分が北フランスに到着したのは、1944年8月のことだったが、タングステンの供給制限から、

ガソリンエンジンを採用していたことが原因で、シャーマンは炎上しやすいという誤解が蔓延していた。しかし、パンターを含む大半のドイツ軍戦車と同様、炎上事故の原因は主に積載している砲弾にある。炎上中の戦車は、1945年3月1日にドイツ国内での戦いで撮影された第3機甲師団所属のM4A1（76mm）。（国立公文書館）

常に需要に対して供給が下回っていた。終戦までの期間に、アメリカ工業界は月産1万発のペースでT4高初速徹甲弾を生産していたが、バルジの戦いに投入されたM4A3（76mm）は、平均して1～2発しか搭載していない。書類上、パンターの砲弾積載量は82発、シャーマンは71発となっているが、シャーマンの場合、車体内のありとあらゆるすき間に、乗員の判断で勝手に砲弾を積み込んでいたため、1両あたりの積載数は優に100発を超える。それに対し、ドイツ国防軍では、常に弾薬の供給不足に直面していたのが現実である。

　シャーマンの副次武装はパンターよりも優れている。車体と同軸機銃に7.62mm機銃を搭載している点はパンターと同様であるが、砲塔のピントル式銃架には強力な12.7mmブローニングM2重機関銃が備え付けられていた。もちろん、これら副次兵器が戦車戦で役に立つことはないが、歩兵やトラック系車両をはじめとする大半の目標物に対しては、非常に効果的な武器だった。戦車指揮官の間でも、重機関銃はきわめて好評で、ブルース・クラーク将軍はブローニングM2重機関銃を、シャーマンの「最重要兵器」

76mm戦車砲の登場によって、シャーマンの対戦車攻撃力は大きく改善された。写真は、75mm砲弾との比較で、後ろに写っている戦車は、第2機甲師団所属のM4A3E8"イージーエイト"である。（国立公文書館）

であると賞賛している。主砲よりもはるかに使用頻度が高く、第2次世界大戦で戦車に搭載された機関銃の中でも性能は折り紙付きだったからである。「戦車でもっとも素晴らしいのは、12.7㎜機関銃を手にした車長に決まっている。ハッチを閉め切った車長と一緒では、まともな戦いにはならない。成功するはずがないんだ。そのままでは何も聞こえず、見えもしない。やがて耐えきれなくなってハッチを開ける。そうすれば目の前には12.7㎜（機関銃）がある。後は車長がすることと言ったら、危険な場所をかぎ分けて、そこに機関銃を撃ち込むだけだ。バズーカの発砲光か何かがあるところでもいい。車長は命令を下すよりも先に、射撃を加えられるというわけだ」

　射撃統制装置の能力は大差なく、それぞれの甲乙は状況に応じて変化する。パンターの砲手は倍率2.5倍／5倍のTFZ12望遠照準器を使用する。これはシャーマンが装備していた倍率5倍のM71D照準器よりも光学的に優れていた。この分野でシャーマンが明らかに優れていたのは、M4型直接照準ペリスコープとM47望遠鏡の組み合わせによって、目標と接触するより早く、砲手が全体的な状況を確認しやすくなっていたことだろう。パンターの砲手には、このような視野が広くとれる予備の視察装置が無く、倍率を2.5倍にした照準器の視野で凌がなければならなかった。結果として、パンターの砲手は車長からの目標指示を受けてから照準を確立するまでに

パンツァーファウストから75㎜対戦車砲、88㎜戦車砲と、当時ドイツ軍が使用していたほとんどの対戦車兵器を防げなかったことが、シャーマンが火災に弱いという説を補強する結果となった。写真は、履帯や転輪のラバーが焼け落ちるほど炎上した第3機甲師団第32機甲連隊に所属するM4A1（76㎜）で、検分中の大尉が、貫通力所を指し示している。この車両は、ディファレンシャル・カバーの下部にダグラス式のボカージュカッター（鋤）を残していることから、ノルマンディ以来の古強者だったことがわかる。（国立公文書館）

パンターの砲塔

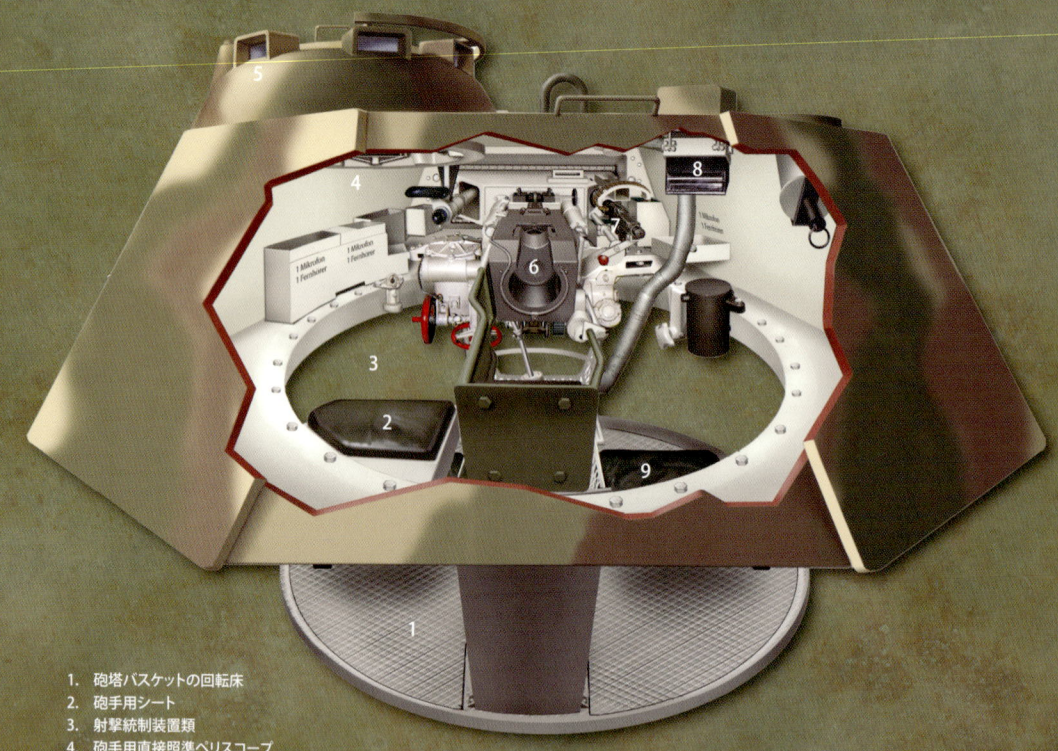

1. 砲塔バスケットの回転床
2. 砲手用シート
3. 射撃統制装置類
4. 砲手用直接照準ペリスコープ
5. 車長用キューポラと装甲ペリスコープ42型
6. 7.5cm戦車砲
7. 同軸機銃
8. 装填手用ペリスコープ
9. 装填手用シート

1. Sprgr.42　42型榴弾
2. PzGr.39/42　39/42型風帽被帽付徹甲弾

シャーマンの砲塔

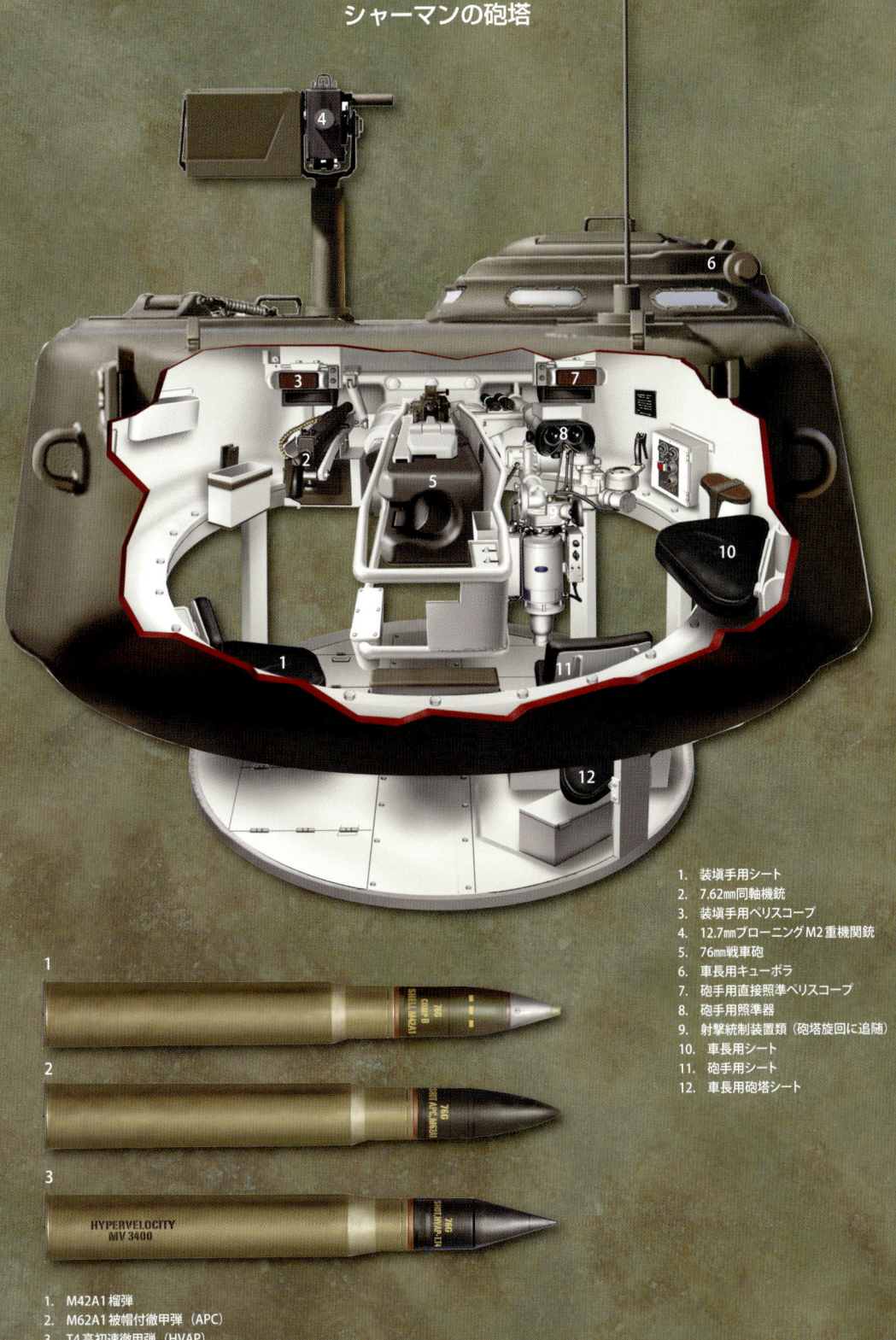

1. 装填手用シート
2. 7.62㎜同軸機銃
3. 装填手用ペリスコープ
4. 12.7㎜ブローニングM2重機関銃
5. 76㎜戦車砲
6. 車長用キューポラ
7. 砲手用直接照準ペリスコープ
8. 砲手用照準器
9. 射撃統制装置類（砲塔旋回に追随）
10. 車長用シート
11. 砲手用シート
12. 車長用砲塔シート

1. M42A1榴弾
2. M62A1被帽付徹甲弾（APC）
3. T4高初速徹甲弾（HVAP）

平均20～30秒の時間を必要とする。シャーマンの照準の手順はずっと迅速である。結果、近距離における遭遇戦ではシャーマンが明らかに優位に立てるが、パンターが待ち伏せしているような状況では、あまり意味がない。シャーマンについていまだ論争が続いている特徴に、ジャイロ式スタビライザー、つまり砲安定装置がある。さすがに移動中の正確な射撃を可能にするほどの性能はないが、それでも砲手の照準作業を大幅に助ける機構であることには違いない。射撃のために停車していた戦車がふたたび移動を始めても、砲は常に目標方向を維持し続けられたからだ。スタビライザーの扱いに習熟した砲手にとっては、不可欠な装備であるが、戦闘による人員損耗の結果、この装置の使い方に慣れていない補充兵砲手が増え始めた1944年末になると、使用されなくなっていった。

　砲塔の旋回速度の速さも、近距離戦におけるシャーマンの有利な点である。両車とも補助動力を用いた旋回機構を有してはいたが、パンターの場合、エンジン出力によって旋回機構の速度が左右されたのに対し、シャーマンの旋回機構は独立式であり、かつ旋回速度もパンターより速かった。シャーマンの砲塔旋回速度は25度／秒であり、360度旋回するまでに必要な時間は15秒。これに対してパンターは15度／秒となっているが、それも車体の水平状態とエンジン出力の状況に左右される。パンターの砲塔旋回性能の悪さは、長大かつ重量がかさみバランスを著しく悪化させている長身砲に加え、アメリカ軍とソ連軍の戦車がカウンターバランスとして装着していた砲塔後部のバスルを採用していなかったことに起因する。アメリカ軍の戦車兵は、砲塔の旋回速度が優っている点を頼みにしてはいたが、この長所が生きるのは近距離遭遇戦に限られていた。

主砲弾の装甲貫通力

種類	500m*	1,000m*	砲弾重量	弾体重量	装薬重量	砲腔圧力(psi)	砲口初速(ft/sec)
76mm M62被帽付徹甲弾	116.0	106.0	24.8	15.4	3.62	38,000	2,600
76mm T4高初速徹甲弾	208.0	175.0	18.9	9.4	3.62	43,000	3,400
75mm 39/42型風帽被帽付徹甲弾	168.0	149.0	31.5	15.0	8.17	46,400	3,065
17ポンド風帽被帽付徹甲弾	163.0	150.0	37.5	17.0	9.0	47,000	2,900
17ポンド装弾筒付徹甲弾	256.0	233.0	28.4	7.9	9.0	47,000	3,950

*弾着角90度にての垂直圧延鋼鈑に対する貫通力(mm)

パンターは変速機の性能不足と耐久性の低さを原因とした故障の多さに悩み続けていた。第2戦車師団第2戦車連隊第Ⅲ大隊に所属する写真のパンターは、エンジンの故障によって1945年1月にルクセンブルクのクレルヴォー近郊で遺棄された車両である。第2戦車師団のパンターは、大半が11月中に生産された車両なので、新型誘導輪や消炎型排気マフラー、ヒーターユニットなどが導入された、写真の後期生産型に該当する。（国立公文書館）

訳註10：「イージーエイト」の通称で知られるが、正式な名称はM4A4（76㎜/24インチ幅履帯）であり、HVSS（水平懸架式ボリュートスプリングサスペンション）を採用し、履帯幅も約60㎝に拡張していたM4系戦車の最終生産タイプである。

■機動力

　パンターの動力は、マイバッハ製HL230 P30 12気筒ガソリンエンジンで、最大主力は600馬力、出力重量比は15.5hp/tである。一方、M4A3（76㎜）はフォード製GAA 8気筒ガソリンエンジンで、こちらは450馬力、出力重量比は12.3hp/tである。カタログ数値上はパンターのエンジンが優れていることになるが、アメリカ軍が使用しているガソリンはオクタン価80で、ドイツ製ガソリンよりも純度や品質に優れているため、エンジン性能の差はかなり縮まることになる。パンターの接地圧は幅広の鋼鉄製履帯によって12.3psiと小さめに抑えられている。対して、シャーマンが通常使用している履帯の接地圧は15.1psiと高めであるため、泥濘時には機動力が著しく低下する。これを改善するために用意された、履帯拡張用の「ダックビル（アヒルのくちばし）」と呼ばれるエンドコネクターを装着すれば、接地圧はパンターとほぼ同等の12.4psiまで下げることができた。バルジの戦いまでには、ほとんどのシャーマンがエンドコネクターを装着している。またM4A3E8 [訳註10] は最初から約60㎝と幅が広い履帯を採用しているので、接地圧は10.7psiまで低下している。パンターの燃料積載量は720リッターで、路上走行距離は96〜128㎞、不整地なら64〜80㎞である。このように燃費が悪い車両を抱えながら、ドイツ軍の燃料供給量は低下を続けていたため、1944年夏に装甲兵総監のハインツ・グデーリアン上級大将は、各方面の指揮官宛に「パンターの莫大な燃料消費量に鑑み、作戦投入時はコストに見合うかどうかを考慮すべき」旨の指示を出している。M4A3（76㎜）の積載量は650リッターだが、路上走行距離は160㎞、不整地で104㎞と、パンターよりも優れていた。

　しかし、両者には数値上の比較だけでは見えてこない重大な違いがある。パンターの場合、駆動系が脆弱に過ぎたため、作戦中のパフォーマンスが

1945年1月16日、第75歩兵師団を支援するためにサルムシャトーに入る第750戦車大隊のM4A3（76㎜）。履帯には、泥濘でも機動力を落とさないように、拡張用エンドコネクターを装着している。

シャーマンに比べてずっと劣っているからだ。パンターが採用しているAK7-200変速機は優美なマルチギヤード・ステアリングによって、左右の履帯を逆方向に動かすことによる超信地旋回を可能としていた。これは一見、魅力的に映る機構であるが、変速機に過度の圧力がかかる結果、ただでさえ脆弱なギアが外れる故障を頻発させた。最終起動輪の弱さはさらに深刻な問題である。部材の名目上の寿命は走行距離1,500㎞となっていたが、実際には150㎞程度しか持たなかったからだ。そもそも基本設計からして、パンターの重量に適切とはいえ、単葉式の平歯車は、シャーマンに用いられている頑強な二枚式歯車にくらべ、明らかに脱落しやすい構造になっていた。さらに未熟な操縦手による超信地旋回が事態を悪化させる。また、原材料不足に伴う部品の劣化や、工場での品質管理能力の低下、予備部品不足などが悪い方向に拍車をかけていたが、バルジの戦いでは、このような諸問題が一気に表出したと言えるだろう。ここに挙げただけでも充分であるが、さらに問題点を挙げれば、パンターの変速機は正面装甲に完全に覆われた状態になっているため、部品交換のためには操縦手区画と変速機を分解しなければならなかった。

　未完成の変速機を採用したこと、時間の浪費を強いる整備性の悪さ、そして予備部品の不足と、マイナス要因がいくつも重なって、稼働不能の車両が続出したため、1944年冬の局面で、パンター部隊は期待どおりの働きを見せられなかった。この年のパンター部隊は、平均して35～40%

の保有車両が故障状態となっている。アルデンヌの戦いでも、装備車両のほとんどが同年9月から11月にかけて生産された新品だったにもかかわらず、29%のパンターが作戦可能な状態ではなかった。パンターの機械的な稼働寿命は、先にも述べたとおり走行距離1,500kmほどと見積もられていたが、実際は戦闘で失われるか、機械的なトラブルで遺棄されるかして、寿命まで走りきる車両はほとんど無かった。作戦中に機械的故障を起こしたパンターは、現場での修理が困難なため、やむを得ず遺棄されるという事態をたびたび引き起こしている。アルデンヌの戦いが過ぎて、戦場となった地域では合計47両のパンターが連合軍情報部の検分を受けているが、このうち20両（42%）は、乗員自らの手によって破壊されたものである。詳細な統計は残っていないが、多くのドイツ兵捕虜の証言もまた、パンターの喪失原因が戦闘の結果よりも、故障によるものの方が多いことを明らかにしている。機械的信頼性に欠けるパンターでは、長距離の自走を伴う作戦を実施するのは困難であり、事前に鉄道輸送の手配が不可欠だった。

　パンターと比較すると、M4A3の駆動系はコントロールド・ディファレンシャル式走向装置とシンクロメッシュ式変速機の組み合わせで保守的である。また、変速機に故障が発生した場合も、鋳造式のディファレンシャルカバーを外すだけで簡単に故障部位にたどり着くことができた。しかも変速機を覆っている装甲板はボルト止めされていないので、簡単に取り外すことができた。バルジの戦いが発生する直前、アメリカ第1軍では10.6%のシャーマン戦車が作戦不能な状態にあったが、新型の76mm砲搭載型については、その割合は5.9%に留まっている。バルジの戦いが最も激

1944年秋、北ヨーロッパは例年にない降雨に襲われ、泥濘地と化した戦場は両軍の作戦を困難にした。写真は、1944年1月25日に泥濘と地雷の犠牲となった、第6機甲師団所属のM4A3である。「ダック・ビル」と呼ばれた拡張用エンドコネクターを履帯に取り付けることで、ある程度の改善は認められたが、パンターほどの泥濘走破性能は得られなかった。（国立公文書館）

化していた1944年12月25日の時点で、機械的な故障ないし戦闘によって戦闘不能になっているアメリカ軍のシャーマンの割合は20%を下回っている。

　シャーマンの機械的な寿命は、パンターよりも著しく長い。1944年10月に、アメリカ第3軍が実施したシャーマンの状況調査によれば、約1,600kmを走行した車両は機械的に極めて良好な状態を保っていたことがわかっている。これをパンターに置き換えた場合、期待されていた寿命はすでに尽きていることになる。結果として、シャーマンは損耗をほとんど気にすることなく、路上走行を実施できる。アメリカ軍の記録を見る限り、機械故障で失われたシャーマンの存在は極めて稀である。故障車両はすぐさま修理が施されるため、損失は一時的なものに留まるからだ。シャーマンの信頼性の高さは、戦闘力の維持に大きく貢献した。好例が1944年12月の第3週に、アメリカ第3軍と第9軍が実施した反撃作戦である。この時は、いくつもの機甲師団が160km以上の距離を自走して、包囲の危機に陥ったアメリカ第1軍の救援に向かっている。中でも一ヶ月間の戦いの後で、休息も補充も受けずにいた第4機甲師団は、4日間で200kmを走破し、バストーニュまで25kmの場所まで進出して、激戦を繰り広げている。

水平懸架式ボリュートスプリングサスペンション（HVSS）と58.4cmの幅広の履帯を採用したことで、シャーマンの接地圧問題は根本的に解決した。ヨーロッパに届いた最初のバッチは、損耗が著しかった第4機甲師団に配属となっている。写真は1945年1月8日、バストーニュで撮影したもの。（国立公文書館）

戦車兵
The Combatants

■パンターの戦車兵

　パンター、シャーマンとも乗員は5名で、各々の役割も似通っている。パンターの車長は、小隊長を兼ねる場合は少尉、それ以外は下士官が任命される。パンターの車長は、砲塔後部左側、全周視察用に7つのペリスコープを備えたキューポラのほぼ真下に座を占めている。車長用シートは砲塔バスケットの内部に据えられているので、キューポラから外に身を乗り出すために、内壁には足をかける穴があった。ドイツ軍の戦車長には長距離索敵用に双眼鏡が支給されている。キューポラには防空用としてMG34軽機関銃をマウントできるようになっているが、ドイツ軍の戦車戦術では、アメリカ軍のように車載機銃による地上目標の掃射を重視していなかった。パンターの車長は、他の乗員に対して車内通話装置、つまりインターカムを通じて命令を与える。イギリス軍やアメリカ軍の方法とは異なり、無線機は無線手の側の車内に設置されていて、機銃手は車長の命令を受けてから操作した。

　車長の前には砲手が座っている。砲手に任命されるのは、大抵は下士官か上等兵である。砲手は右肩に砲を背負うような体勢で、閉所恐怖症になりそうな狭苦しい空間に押し込められていた。イギリスが行なったパンターの機構的分析では、「（パンターは）砲手の居住性に対してほとんど注意を払ってはおらず、他の乗員も窮屈で貧弱な環境のなか、役割のために与えられた位置からほとんど身動きできなかった」と結論づけている。砲手がもっぱら使用するのは、TFZ12a単眼式望遠照準器である。この望遠照準器は、接眼部に安全用のパッドを備えていないために、運転中にのぞき込むのは非常に危険だった。さらに、この時の砲手の頭は主砲と接するほどの位置になってしまうため、右耳からはヘッドホンを外さなければならない。またシャーマンとは違って、移動中に周囲を視認するためのペリスコープも用意されていない。結果として、砲手は攻撃目標の選定と指示を車長から受けるしか無かった。このような仕様は、パンターが定位置にいて攻撃目標を視認している状況であれば問題にはならない。しかし、不測の遭遇戦に突入した場合には、射撃準備を整えるまでに20〜30秒の遅れをとることになる。車長から目標指示を受けた砲手は、まず2.5倍に設定した照準器で目標を確認し、それから5倍に切り替えて、射撃照準作業に入る。そして、車長が指示した砲弾の種類に応じた命中部位を判断して照準器の照準針（レティクル）を調整し、同じく車長から与えられた目標距離を基準に砲の仰角を微調整する。砲手がベテランの場合は、車長は距離の指示を省略できる。砲塔の旋回は油圧式旋回装置に繋がった2つのペダルと右手で操作する補助用のハンドルによって行なわれる。また、砲の俯

仰角調整は左ハンドルで行なう。主砲の射撃ボタンは電気式で、俯仰角調整ハンドルに付いている。射撃後、空になった薬莢は排莢プレートを介して排莢箱に導かれる。排莢箱の開閉は自動式で、排煙が砲塔に漏れることがないように、薬莢の排煙はホースを介して車外に吐き出される。先のイギリスの調査では、「砲手席と砲操作用の各機構の取り合わせが悪く、砲の配置は稚拙である。また、砲塔の旋回機構と、砲の俯仰角調整能力も不足している」と結論している。

　装填手は、戦闘中は砲塔内部の右側で装填作業を行ない、それ以外の時は折りたたみ式のシートに座っている。装填手の位置は、砲塔内の左側よりは若干広く空間がとられているが、砲塔の床面から天井までの高さは1.6mほどしかないため、ほとんどの装填手は、腰をかがめた状態で装填作業をしなければならなかった。装填手用の外部視察装置は、視野が車体の右前方1/4ほどの小さなペリスコープが用意されていたが、脱出用のハッチはなく、砲塔後部のハッチから出入りするしかない。弾庫の配置は適切で、主砲が真正面を向いている状態なら、装填手はスポンソンに設けられた2つの弾庫と、後部弾庫の合計27発の砲弾に手が届いた。他の砲弾には、他の乗員から手渡ししてもらうか、砲塔が旋回しないと届かなかった。

　操縦手は車体前方の左側に座を占めている。1944年10月以降の車両では、操縦手用に2個目のシートが追加された。ハッチを閉じた状態、すなわち戦闘時に使用するのは元のシートで、追加シートは少し高い位置に付

パンターの乗員配置

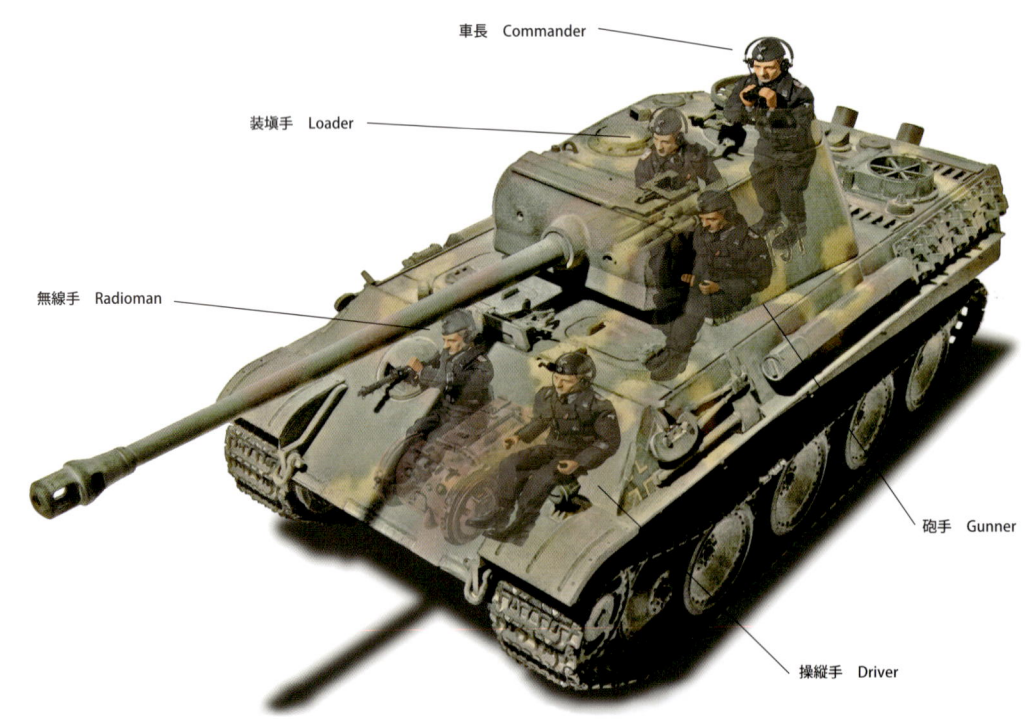

けられていて、これに座れば路上走行時にハッチから上半身を出し、視界を確保した状態で運転できた。操縦手は、どちらのシートに座っていても両足の脇についていた操縦レバーやギアレバー、ハンドブレーキを介して車両を操縦できた。操縦手は、車長、砲手に次ぐ重要な乗員とされていて、ドイツ軍の教則では、車長は大まかな移動目標や方向を指示するだけで、戦車の具体的な移動及び位置調整は操縦手に一任されていた。戦闘中の操縦手は、旋回式のペリスコープで車外を確認する。これは傾斜装甲の剛性を損ねていた従来型の操縦手用装甲ビジョンバイザーに代わって、G型から設けられたものである。イギリスの調査では、この性能も不充分と見なされていた。

　操縦手とは向かいの位置となる車体前部の右側は、無線手が占めている。彼の役割は、無線手席の左手側に据えられているFu5無線機の操作である。Fu5無線機はプリセットされた周波数にあわせたものと、ダイヤル調整式の2つの受信機からなるAMラジオ無線機である。この無線機の操作に加えて、KZF2屈折サイトを通じて、球状銃架の車載機銃MG34の操作も担当した。この車載機銃用の視認サイトの他に、無線手は車体の右前方1/4ほどを視認できるペリスコープによる視野を確保できた。しかし、このペリスコープは車載機銃の目標視認に適した構造にはなっていない一方で、車載機銃用の屈折サイトは、視野が非常に狭かった。

シャーマンの乗員配置

車長　Commander
装填手　Loader
操縦手　Driver
砲手　Gunner
機銃手　Bow gunner

■シャーマンの戦車兵

　シャーマン装備の戦車小隊では、通常、少尉が小隊長に任じられ、小隊付きの下士官には二等軍曹があてられる。それ以外の車長は軍曹が任じられた。車長は砲塔内部の右側に位置を占め、車内に身を置く場合に使用する砲塔内のシートと、キューポラから車外に身を乗り出す際に使用する、砲塔内壁に据えられた折りたたみシートの2種類が用意されている。キューポラには、全周視認用の6個のビジョンブロックが据えられている他、ハッチにはM6型ペリスコープか、倍率7倍の望遠ペリスコープが装着できるようになっていた。パンターと同様に、車長はインターカムを使って乗員に指示を出す。M4A3（76mm）がパンターと大きく異なるとすれば、必要に応じて目標に対応できるように、車長用の砲塔旋回装置が用意されていることである。また、車長が操作しやすいように、無線機を砲塔尾部のバスルに収納しているのも、目立つ相違点である。典型的な戦車小隊では、小隊長車および先任下士官車にはSCR-528送受信機が据えられ、それ以外の3両にはSCR-538受信機が与えられていた。SCR-528送受信機は戦闘で損傷したり行動不能になった戦車から回収することになっていた。最終的に、多くの小隊長車がSCR-508を配備することになったが、この送受信機はSCR-528の機能に加え、小隊用の無線周波数と同時に、中隊や大隊など上級部隊の周波数も受信できた。SCR-538も1944年後半を通じて、順次、送信機を追加したSCR-528へと交換された。訓練が行き届いた部隊では、車長を補助するために、装填手も無線機を扱えるようになっていた。これらはすべてFM無線を使用していたため、パンターのAM無線に比べて、特に移動中に発生しやすい混信に強かった。また、多くのシャーマンはインターカムに割り込みが可能な車外電話を車体後部に備えていて、外部の歩兵と直接通話ができた。これにより可能となった優れた歩兵と戦車の戦術的協調性は、パンターには望めなかった。

　砲手の位置は砲塔の右側で車長のすぐ前になる。主砲の操作方法は、パンターとは異なっている。砲の俯仰角は、左手のハンドルで調整する。砲塔の旋回は右手の操縦桿を通じて行なわれ、射撃は操縦桿に付いているトリガーを引くか、足下の射撃ボタンを踏んで作動させる。76mm砲の排莢機

遺棄されたパンターG型の側を駆け抜けるM4（76mm）。写真のパンターはSS第2戦車師団所属車両で、1944年のクリスマス前後にグランメニルで発生した戦闘で破壊された。（国立公文書館）

構は、パンターと同様にセミオートマチック式となっている。ただし、空薬莢は単に箱の中に落ちるだけのぞんざいな仕組みで、砲塔内に充満した煙は2つのベンチレーターから車外に排出された。砲手用の照準装置はパンターよりも優れていて、天井に設置されたM47A2ペリスコープマウントにはめ込んで使用するM4A1直接照準ペリスコープや、M71D望遠照準器が用意されていた。専用のペリスコープが与えられていたことで、地形偵察や索敵のために行動中の戦車内にあっても、砲手が周囲の状況を把握できるのは、戦闘が始まるまでは実質的に盲目状態になっていたパンターの砲手に比べて有利な利点となっている。直接照準ペリスコープを介しての射撃も可能ではあったが、敵戦車に精密な射撃を加える際には、やはりM71D望遠照準器を使用した。倍率設定は5倍しかなかったが、光量不足でも使用できるように、レティクルは輝度調整ができるようになっていた。

　装填手の位置は砲塔の左側で、戦闘中以外は折りたたみ式の小型シートに座っている。M4A3（76㎜）の場合、装填手付近の砲塔バスケットの床には小さなハッチがあって、ここからは床下収納式の弾庫にアクセスできた。床下の湿式弾庫には合計35発の砲弾が斜めに収納されているほか、砲塔バスケットの床には6発の即応弾が用意されていた。このため、パンターよりも初弾装填は容易かつ素早くできる。他の30発は機銃手（副操縦手）席背後の弾庫に入っているため、使用するには機銃手から手渡しされる必要があった。また、ほとんどのアメリカ軍戦車兵は、スポンソンに予備砲弾を積み込んでいる。M4A3（76㎜）の初期生産タイプでは、装填手用ハッチに12.7㎜車載機銃がマウントされていた。それまでのシャーマンの車載機銃は、車長用キューポラに設置されている。しかし、後の生産タイプになると、装填手用ハッチは大型の観音扉式から、小型の円形ハッチへと変更になり、これに伴い車載機銃も車長用ハッチと装填手用ハッチの間に設けられたピントル式銃架にマウントされるようになったが、これは地上目標を狙うには不便な仕様であった。多くの部隊で、車長用ハッチの前にピントル式銃架を溶接した他、装填手用には7.62㎜機銃を追加している。

　操縦手は車体前部の左側を占める。戦闘時にハッチを閉めている間は、ハッチに据えられた着脱式ペリスコープや、天井のペリスコープから外部を視察する。シャーマンのクラッチとブレーキ操作は操縦レバーを介して行なわれるので、運転感覚は自動車よりもトラクターに近かった。通常の行動時はもちろんのことだが、操縦手は戦術や地形利用に関して充分に理解していなければならなかった。というのも、戦闘が激化すると、車長は車両の位置取りや移動の判断を操縦手に任せてしまうことが多くなるため、操縦手は車体の暴露を最小限におさえられるような地形利用を常に心がけなければならないからだ。

　副操縦手は操縦手の右側に座っている。7.62㎜車載機銃の操作が彼の主任務であるため、通常は「機銃手」と呼ばれていた。彼は操縦手と同じタイプのペリスコープを使用するが、車載機銃に望遠照準器は必要ないため、このペリスコープで狙いを定めて射撃を行なう。また、彼の背後には主砲用の弾庫があるため、戦闘の状況によっては、装填手に対する砲弾供給もしなければならなかった。また、乗員に欠員が生じた場合には、機銃手が代役を務めることが多かった。

ドイツ軍の戦車エース

戦車エースという概念は、第2次世界大戦の戦場では、ドイツ国防軍でさえ一般的に使ってはいなかった。戦車エースという用語をもっとも頻繁に使ったのは武装親衛隊であり、ナチ体制におけるプロパガンダの素材として好都合だった。特に1943年夏から翌年夏にかけて、連合軍がT-34/85やシャーマン・ファイアフライといった対抗戦車を揃えてくるまでは、ほとんど無敵状態にあったティーガーと重戦車大隊の活躍は、常態化していたと言える。国防軍の戦車部隊では、戦車エースという考え方自体が希薄であり、重視するべきは任務達成に対する軍事的な貢献度であって、戦車撃破数は副次的な要素でしかなかった。加えて、パンターに搭乗したエースの存在自体が、ティーガーのそれに比べれば、ドイツ軍では稀であった。というのも、ティーガーと比較するとパンターは損害を被る割合が高い上に、登場した当初は、故障が多くて活躍らしい活躍を見せていないからである。また、第2次世界大戦での戦車撃破数は、陣営に関係なく割り引いて考える必要がある。例えばドイツ軍の東部戦線情報部では、敵の損害に関する報告を半分の数字に見なしてから分析するのを常としている。これは、報告にあがる数字が膨張していく性質をあらかじめ考慮しているだけでなく、図らずも同一の敵戦車に対して複数の自軍戦車が攻撃した場合に生じる戦果の二重報告を考慮し、また、すでに撃破されている敵に対して、それとは知らずに実施された攻撃結果を、統計的に除外する狙いがある。実際、ある戦区で撃破された敵戦車を、そこを通過する複数の部隊が戦果として報告するという例もあった。バルジの戦いに参加した戦車兵の中で、最も良く知られたパンター・エースと言えば、SS第2戦車連隊第4中隊に所属するエルンスト・バルクマン戦車小隊長だろう。彼は1936年に武装親衛隊に入隊。ポーランド戦とフランス戦には歩兵として従軍するが、1941年夏の独ソ戦で重傷を負ってしまう。療養中に教官として勤務した後に、1943年になると早々に新編制のSS戦車部隊に志願し、後述するアルフレッド・ハーゲシェイマーのⅢ号戦車で砲手を務めた。クルスク戦が終わると、バルクマンは戦車長へと昇進し、パンターD型を受領。1943年後半にかけての東部戦線での活躍を評価されて、1級および2級鉄十字章を拝領した。SS第2戦車師団がノルマンディに投入された時点では、バルクマンの乗車はパンターA型となっている。彼が名声を獲得するのは1944年7月27日の戦闘である。この日、彼はル・ロレー近郊で米軍の隊列を待ち伏せし、シャーマン9両を含む多数の車両を撃破した。この功績によって、バルクマンは騎士十字章を賜っている。

アルデンヌの戦いでは、バルクマンはマンエーに撤退しようとする米第7機甲師団との間に発生した、有名なクリスマス・イブの夜間戦闘に参加している。この時、彼のパンターG型は油断していたアメリカ軍隊列に紛れ込み、第40戦車大隊と第48機械化歩兵大隊の車両を多数撃破している。バルクマンは翌日に負傷して後送されるが、1945年になって間もなくSS第2戦車師団に復帰後、ハンガリーにて実施された、ソ連軍に対する最後の反攻作戦に参加している。最終的に、彼は80両以上の敵戦車を撃破したと言われている。

本書でも詳述しているフレヌーの戦闘で中心的な役割を果たしたのが、SS第2戦車連隊に所属するフリッツ・ランガンケである。18歳で志願したランガンケは、1937年にゲルマニア連隊に歩兵として配属され、1938年には装甲車の無線手に転属となった。1940年12月には2級鉄十字章、翌年の12月には1級鉄十字章を拝受している。1942年には戦車兵として初めての実戦を経験し、それからは1943年末まで、偵察大隊所属の戦車長として、東部戦線で戦い続けている。東部戦線でのランガンケの戦果は、戦車1両であることが認められている。師団の再編成が始まってからDデイまでの期間、彼は第2戦車連隊第Ⅰ大隊の兵站将校となっていたが、ノルマンディの戦いでは、同連隊の第2中隊にいて戦車長、戦車小隊長と昇進し、部隊が後送されるまでに連合軍の戦車18両を撃破している。1944年7月28日夜間、ロンセー包囲戦の最中、多くの自軍兵士と若干の車両装備が脱出できる状況を作り出した功績に対して、彼は騎士十字章を拝受している。

ただし、ドイツ軍の戦車エースに注目しすぎると、本質を見誤ってしまうかも知れない。彼らは実に例外的な存在であり、1944年末のドイツ軍戦車部隊は、訓練も未了のまま戦場に投げ込まれた新米戦車兵で占められていたのである。

戦争を通じて最高のパンター・エースの1人であるエルンスト・バルクマンは、アルデンヌの戦いではSS第2戦車連隊パンター第4中隊に、戦車小隊長として配属されていた。

訳註11：ドイツ軍と一言でくくって説明することが多いが、その陸上戦闘部隊の組織構成は、正規の陸軍であるドイツ国防軍（ヴェアマハト）と、親衛隊（SS：シュッツ・シュタッフェル）の武装組織である武装親衛隊（ヴァッフェンSS）の二本立てとなっていた。作戦行動においては、戦闘序列の枠組みの中で行動するが、武装親衛隊は国防軍とは別の命令系統を持つ組織で、独自の教育訓練機関まで有していた。

■パンターの乗員訓練

　ドイツ国防軍、アメリカ陸軍とも1944年冬になると戦車兵の補充が乏しくなっていた。特にドイツ軍では、同年夏に東西両戦線で被った膨大な損害にあえいでいた。国防軍と武装SSはそれぞれ戦車兵を育成する訓練所をもっていたが [訳註11]、深刻な人員不足に直面した1944年秋になると、訓練過程は最小限に抑えられ、あとは部隊に送られての実地訓練という段取りが常態化していた。この時期に戦車兵としての訓練を受けた兵員は、復帰に備えたベテラン負傷兵、徴集兵、余剰人員として空軍及び海軍から転籍となった兵士の、主に3つの集団に分けられる。特に海空軍出身者は軍務経験があり、何らかの訓練を受けている場合がほとんどなので、能力的にもっとも期待されていた。

　1944年のドイツ国防軍では、補充についてアメリカ陸軍とは根本的に異なる方針を定めていた。師団は前線に留まって補充兵を受け取り、戦闘部隊は次々に小型化する一方の戦闘団へと衣替えさせられた。なんらかの理由が生じるか、あるいは前線任務に耐えられないほどの損害を受けた時になってようやく、再編成のために部隊ごと後送されたのである。アルデンヌの戦いに投入された戦車師団のほとんどは、ノルマンディで消耗し尽くし、9月になって後送された部隊である。戦時中の典型的な戦車師団では、戦闘に投入されるのは戦車兵や機甲擲弾兵、あるいは偵察大隊といった部隊を含む約1/3ほどの戦力に過ぎない事実は、記憶に留めておくべきだろう。定数1万4,700名の'44年型の戦車師団には、兵員数約2,000名の戦車連隊があるが、このうち戦車兵は750名ほどである。他に5,400名ほどが2個機甲擲弾兵連隊と偵察大隊に所属している。師団直属の工兵や砲兵

部隊も、場合によっては前線に投入されるが、師団の中でも負傷兵は限られた部隊に集中する傾向がある。管理部門や補助部隊などは、例えばファレーズで包囲されたような壊滅的な状況になっても無傷で生き残る事が多く、後には彼らが中核となって師団が再建される。つまり、「師団が50%の損害を受ける」と表現される場合、損害は師団全体に及ぶというよりも、戦闘部隊に集中しているということなのである。激戦を伴う歩兵戦闘に加え、機動戦も強いられ、戦闘機会が多くなる機甲擲弾兵連隊が、もっとも損害がかさむ部隊である。ノルマンディの戦いでは、1/3以上の戦車兵が失われ、戦車の損害はさらに酷かった。

　バルジの戦いに先立って、国防軍は戦力を回復するのに必要な時間も資源も足りない問題に直面していたため、戦力を再建するのに必要な手順をかなり省略せざるを得なかった。「ラインの守り」作戦に投入された戦車師団は合計8個で、各々が戦車連隊1個、機甲擲弾兵連隊2個で編成されていた。Ⅳ号戦車は完全にパンターと置き換えられる予定になっていたが、実際にはパンターの生産数が不足していたために、Ⅳ号戦車も継続して使用されている。結果、どの戦車大隊も、Ⅳ号戦車とパンターが混在していた。最終的に投入された8個戦車師団のうち、5個は過去3ヶ月間を再編成のために後方で費やしていた。戦車教導師団、第9戦車師団、第116戦車師団、以上の国防軍の3個戦車師団は、作戦開始直前まで前線任務に就いていたため、急ぎ補充を受けて作戦に備えた。

　アルデンヌの戦いを控えた戦車連隊が、補充と訓練にいかに苦労を強いられたか、SS第1戦車師団「ライプシュタンダルテ・アドルフ・ヒトラー」を例に取ってみるとわかりやすい。同師団がノルマンディに投入されたのは7月に入ってからのことなので、Dデイから戦闘に参加してきたSS第12戦車師団「ヒトラー・ユーゲント」のようなSS戦車師団に比べれば、被った人的損害は比較的少ない。それでも、SS第1戦車師団は、戦闘によって重装備の大半を喪失しており、SS第1戦車連隊第Ⅰ戦車大隊にいたっては、装備車両のほぼすべてと、90%の兵員をノルマンディで失っている。連隊の士官の状況を見ても、ヨアヒム・パイパー連隊長は極度の疲労で病院にあり、2人の大隊長も同じく病院にいて、ついに復帰できなかった。4人の中隊長は負傷、さらに1人は戦死し、少なくとも4人の小隊長も戦死した。9月初旬に、師団は再編成のために後送されたが、戦線復帰は10月末を予定されていた。SS第1戦車連隊第Ⅰ戦車大隊は完全編制になるように新兵の補充を受けたが、1944年後期の部隊編制は、前年までの内容とは比較にならず、SS戦車師団でさえ、志願兵ではなく徴兵された兵士の配属を受け入れざるを得なくなっていた。新兵の戦車兵は、基礎訓練を受けてはいたが、それ以上の訓練は実地で学ぶこととされ、訓練期間中に戦車にさわっていない新兵もいるほどだった。操縦手の訓練も基本的と呼ぶべき段階に留まっていて、旧式化した戦車を用いた、免許取得用の2時間ばかりの操縦訓練しか受けていない。新たに策定された編制も、規模が縮小されていて、SS第1戦車連隊第Ⅰ戦車大隊は、各々が17両のパンターを装備した戦車中隊2個と指揮車両の、合計38両のパンターを装備することとなっていたが、対になるもう一つの戦車大隊は、パンターではなくⅣ号戦車の装備で凌がなければならなかった。さらに、通常ならばパンター装備の大隊とⅣ号戦車装備の大隊というように、大隊の装備は統一するのが

アルデンヌの戦いの時、フリッツ・ランガンケはSS第2戦車連隊パンター第2中隊の小隊長であり、本書で解説しているフレヌーでの戦車戦では中心的な役割を果たしていた。

訳註12：ドイツ軍を代表するティーガー重戦車およびティーガーⅡ重戦車（ケーニヒス・ティーガー）の運用は、特殊な補助部隊や資材を必要とするため、通常の前線部隊には手に余る。そこで、ティーガー系重戦車の運用に特化した専門部隊として、重戦車大隊が編成された。アルデンヌの戦いでは、SS第1戦車師団及びSS第12戦車師団の戦車連隊の定数を通常の戦車大隊2個で満たすことができなかったため、第Ⅱ戦車大隊の代わりに重戦車大隊を配備して、編制上の不備を補っていた。

望ましかったが、戦車不足のため、大隊内の戦車装備も混成状態だった。SS第1戦車師団と、これに隣接するSS第12戦車師団は、主要な進撃予定路に配置されたが、完全編制の戦車連隊の代用として、各々がティーガーⅡを装備した重戦車大隊の配備を受けていた [訳註12]。

　大隊がグラーフェンヴェーアにて新しいパンターを受領したのは、1944年10月半ばで、ヴィッツェンドルフで訓練が始まったのは10月の最終週になってからであった。訓練内容も、燃料と弾薬の不足のために、大幅に妥協しなければならなかった。砲手の訓練は実弾射撃を伴わず、場合によっては同軸機銃の射撃で代用した。ノルマンディを経験した古参兵は、新兵に対して実践的な知識を可能な限り与えようと試みた。11月初旬に一度だけ実弾射撃演習を実施した後に、11月14日から18日にかけて、連隊はヴァイラーヴィスト近郊の集結点に向かって鉄道輸送された。この地でも訓練は続けられたが、燃料不足のためにまったく不充分であることには変わりなく、小隊レベル以上の訓練はほとんど実施されなかった。実弾射撃などは問題外で、集結地域での無線使用も厳禁されていた。集結理由も、この地に進撃してくる連合軍に備えるという説明によって隠蔽されていたために、訓練内容も防御に重きを置いた内容であった。そして1944年12月13日から14日にかけての夜間になり、ようやく部隊は前線に近いブランケンハイムの森林地帯まで進出したのである。

　アルデンヌの戦いでSS第1戦車師団と一緒にSS第Ⅰ戦車軍団を構成して、轡を並べて戦ったのが、SS第12戦車師団「ヒトラー・ユーゲント」である。同師団はノルマンディの戦いで4,400名を超える負傷者を抱え、さらに4,000名を超える戦死者と捕虜を出すという損害を被って再編成に

入っていた。2個機甲擲弾兵連隊の損害は75％にも達している。SS第12戦車連隊第Ⅰ大隊でも40％を超える人員が失われ、1944年10月からはザクセンで再編成に入っていた。SS補充部隊や空軍、海軍から集められた補充兵に対しては、燃料欠乏の影響で何もできなかった。SS第1戦車連隊と同様に、10月から11月にかけて届いた車両は、8個戦車中隊のうち4個中隊を満たすだけの数しかそろわず、大隊編制をパンターとⅣ号戦車の混成にして凌ぐしかなかったのである。中隊レベルにまで目線を落としても、状況は変わらない。訓練を施すにしても燃料と弾薬が不足していて、無線訓練もできなかった。しかし、師団長は「戦場の経験がある優れた士官や下士官、そして兵士」からなるSS第12戦車連隊ならば、戦力の再建が順調に進んでいると信じていた。彼の心配事は、機甲擲弾兵連隊と偵察大隊に集中していた。11月中旬に西方への移動命令が出された段階で、これらの部隊はまだ戦闘準備が整っていない状態だったからである。

　SS第2戦車師団「ダス・ライヒ」は、先の2個師団に比べると、ノルマンディで被った人的損害は4,000名ほどであり、比較的ましだったと言えるが、戦車連隊は兵員の40％を喪失し、ロンセー包囲戦では大半の重装備を失っていた。先の2個戦車連隊とは異なり、11月後半に入るまでパンターの補充を受けていなかったが、最終的には4個中隊分のパンターを受領したので、SS第2戦車連隊第Ⅰ大隊は最大戦力でアルデンヌの戦いに臨むことができた。しかし、第Ⅱ大隊は定数こそ満たしていたものの、Ⅳ号戦車の代わりにⅢ号突撃砲が配備された状態だった。パンターの到着が遅れたために、新兵に対する訓練は諦めるほか無かったが、SS第Ⅰ戦車軍団を構成した、他の2個SS戦車師団よりは充実した戦力を保持していたと言えるだろう。ノルマンディで被った士官の損害は、部隊内の昇進によって穴埋めをしている。パンター装備の戦車大隊長だったルドルフ・エンセリングSS中佐は、戦死したクリスティアン・ティッシェンに代わり、SS第2戦車連隊長に昇進した。エンセリングの後任は、若干26歳のヴィルヘルム・マズケである。また、SS第2戦車連隊パンター第1中隊カール・ミューレクSS中尉と、パンター第2中隊のアルフレッド・ハーゲシェイマー SS中尉、2人のパンター装備の戦車中隊長は新任である。

　SS第2戦車師団とともに、SS第Ⅱ戦車軍団を形成したのが、SS第9戦車師団「ホーヘンシュタウフェン」である。同師団は、ノルマンディでは戦車兵の1/3しか脱出できなかったほどの、最も重大な損害を負ったSS戦車

第3機甲師団第32戦車連隊のラファイエット・ポーレ軍曹は、"In the Mood"号の車長である。写真は1944年9月にベルギー国境付近で渡河作戦を実施していた時のもの。数週間後、ストルベルクで撃破される運命が待っている。（国立公文書館）

師団である。彼らは戦場になるとは考えにくいオランダのアルンヘム地区で再編成に入っていたが、この間に「遠すぎた橋」で有名な、1944年9月のマーケット・ガーデン作戦に直面している[訳註13]。彼らも11月後半になるまでパンターの補充が受けられず、部隊の半数を超える新兵に対して適切な訓練を施せなかった。

　アルデンヌの戦いに際して、第5戦車軍に組み込まれた国防軍の4個戦車師団の中では、第2戦車師団の装備状況が最も充実していた。同師団は、ノルマンディで第3戦車連隊の半数を超える兵員と装備車両の大半を喪失する大損害を受けていた。連隊はファリングボステルに後送されて休養と再編成に入り、10月末に新しいパンターを受領している。戦車教導師団の第130戦車連隊も1944年7月24日に始まった連合軍のコブラ作戦で、絨毯爆撃の直撃を受けて壊滅した部隊だが、ノルマンディ戦後に部分的に補充を受けただけの状態だったので、11月には再度の補充のために後送された。しかし、この連隊も新兵に訓練を施すにはまったく不充分な燃料と弾薬しか与えられなかった。第9戦車師団と第116戦車師団は、9月から12月にかけての期間、ジークフリート線に沿ってアメリカ軍と対峙していた[訳註14]。彼らは1944年11月の時点で、ほぼ定数を満たしていた状態であり、12月上旬に若干の休養と補充に入った後で、アルデンヌの戦いに投入されている。彼らはアルデンヌに投入された戦車師団の中でも屈指の歴戦部隊だったが、この場合、戦いで「鍛えられる」のと「消耗する」の間には、ほとんど違いはない。以上のパンターを装備した8個戦車師団の他に、総統擲弾兵旅団とオットー・スコルツェニーが率いる第150戦車旅団もパンターを配備している。特に、戦線の背後に浸透して、重要な橋梁を確保する任務を与えられたスコルツェニーの部隊には、アメリカ軍のM10戦車駆逐車に擬装した、5両の奇妙なパンターが配備されていた。

■シャーマンの乗員訓練

　アメリカ陸軍の戦車部隊は、大半が1942年中に編成され、ほとんどは1944年夏まで実戦を経験していないために、全体的に見てドイツ国防軍よりも訓練状態は良好だったと見なして良い。時間も充分にあったため、乗員は各々の任務についてしっかりと理解していたはずだ。実際、訓練期間をたっぷりと与えられた戦車兵は、他の乗員の任務内容にも習熟していたため、戦闘中に負傷者が発生しても、すぐさま代役を立てることができた。実際は、受け入れ態勢が充分ではなかったため、戦車兵候補者は直接部隊に送られ、そこで専門訓練を受けていたが、公式の訓練過程では、ケンタッキー州フォート・ノックスの機甲軍補充兵訓練センターにて、戦車兵候補者に基礎訓練を施すことになっていた。1943年、アメリカ陸軍はイギリスに駐屯する第707戦車大隊に、欧州戦線への配備に先立つ専門訓練を施すための地上軍補充システムを付与している。しかし、前線からの要望で、1944年9月に同大隊はアメリカ第1軍の配下に入り、アルデンヌの森での激戦に巻き込まれることになった。アメリカ軍の補充システムは、部隊を前線に配置したまま行なわれることが前提となっていたため、前線部隊が常に定数を満たしている状態でいるように、補充兵は必要に応じて五月雨式に前線部隊に送り込まれていた。

　戦車兵の大半は1944年6月まで戦闘経験が乏しかったため、アメリカ陸

訳註13：1944年9月、連合軍は、イギリス第30軍団が狭正面から戦線を突破してオランダのアルンヘムでライン河を渡河し、一気呵成にドイツの心臓部であるルール地方を突くという、野心的な「マーケット・ガーデン作戦」を実施した。事前の空挺作戦で枢要な河川の橋梁を占領することが成功のカギであったが、このうち最も重要なライン河の橋を確保するために、アルンヘム地区に降下したイギリス第1空挺師団は、同地区で再編成中のSS第Ⅱ装甲軍団（SS第9戦車師団・SS第10戦車師団）の反撃を受けて壊滅した。このため、主力のイギリス第30軍団はライン河に到達するものの、渡河はできず作戦は失敗に終わった。連合軍の情報不足と自信過剰が招いた敗北であった。

訳註14：1930年代後半にドイツ・フランス国境地帯を中心に構築されたドイツの対フランス要塞線。西方要塞との呼び方もあるが、ゲルマン神話の英雄の名を戴き、ジークフリート線と呼ばれていた。

指を十字に交差して幸運を祈る、第11機甲師団第42戦車大隊のジョン・メグレシン大尉および乗車のM4A3（76㎜）と乗員たち。この新品の戦車は2週間にわたる戦闘の中で支給された3台目の戦車である。その前の2両は戦闘で撃破されているが、幸いにも乗員の死傷被害は発生しなかった。シャーマンが1両撃破されるごとに、平均して1名の戦車兵が戦死している統計結果が残っている。

　軍での戦術訓練は実戦に即しているとは言い難い。事実、経験の乏しさは戦闘が始まった最初の数週間における損害率の高さとなって現れていて、いくつかの独立戦車大隊では、戦闘に参加した初期の損害が、終戦までに被った損害の半数を超えている。この状況を改善するため、アメリカ第12軍集団の機甲集団は1944年秋に新米戦車大隊とベテラン戦車大隊の交流の場を設け、実戦に即した知識と教訓の伝達に力を入れている。例えば第707戦車大隊が1944年10月に欧州戦域に到着した際には、1942年のチュニジアから戦歴が始まる古参兵揃いの第70戦車大隊に対し、大隊の中枢要員が派遣されている。アルデンヌの戦いが始まる頃にはアメリカ軍戦車部隊の大半は実戦を経験していたが、第11機甲師団のように、1945年1月に投入されたバストーニュを巡る戦闘が初陣となった新米部隊も残っていた。

　ところが、1944年夏にアメリカ軍戦車部隊は当初の見積もりを上回るペースで損害を被ったため、適切な技量を持った補充兵の不足が目立ち始めた。しかし、犠牲者の規模で見れば、ドイツ国防軍にははるかに及ばない。1944年6月から1945年5月までの期間、欧州戦域で従軍した独立戦車大隊ごとの平均的な戦闘損害は、戦死・行方不明が65名、負傷者が185名である。最も大きな損害を被った第70戦車大隊でも、戦死・行方不明が166名、負傷者が530名である。ちなみに、大隊の定数は750名である。同大隊は1942年にチュニジアで作戦参加したのをはじめとして、シチリア島の戦いにも参加し、Dデイには上陸部隊になっている。しかし、これを皮肉に見れば、アメリカ陸軍で2年間の実戦キャリアを持ち、最悪の損害を被ったとされる戦車部隊は、ノルマンディ上陸作戦以降、3ヶ月間の戦闘を経ただけのドイツ軍の戦車連隊より軽微な損害しか受けていないということでもある。

■両軍の部隊編制

　書類上では、'44年型のドイツ軍戦車師団は、2個戦車大隊からなる戦車連隊1個を編制に加えている。戦車大隊のうち片方はパンター76両を装備、もう片方は同数のⅣ号戦車を装備していて、この他に連隊司令部が指揮戦車としてパンター3両とⅣ号戦車5両を保有していた。しかし、同時期の実際の編制表を見てみると、アルデンヌの戦いに参加したパンター装備の戦車連隊は、パンターの供給不足からすべて定数には達していなかった。戦車大隊には各々4個の戦車中隊があって、第Ⅰ大隊（パンター装備）には第1～第4中隊、第Ⅱ大隊（Ⅳ号戦車装備）には第5～第8中隊が割り当てられていた。しかし、ここでも戦車不足が影を落としている。戦車中隊は、各々が5両の戦車で構成される戦車小隊4個からなる。ところが、パンター装備の戦車大隊では、4個中隊各々に17両のパンターしか割り当てられていない。1944年のドイツ国防軍は、歩兵師団を強化するための戦車大隊を与えられなかったため、代わりにⅢ号突撃砲ないしヘッツァー駆逐戦車からなる部隊を割り当てて凌いでいた。

　戦車の数ではドイツ国防軍よりも遙かに恵まれているアメリカ軍では、機甲師団だけでなく、歩兵師団に火力を付与するために、多数の独立戦車大隊を編成していた。これを反映して、前線の歩兵師団には通常、独立戦車大隊と独立戦車駆逐大隊が加えられている。1944年11月時点でのアメリカ軍戦車大隊の編制表を見ると、シャーマン装備の戦車中隊（A～C中隊）が3個と、M5A1スチュアート軽戦車装備の戦車中隊が1個からなり、装備車両数は、シャーマンが53両、M5A1軽戦車が17両となっている。この他にも、シャーマンの車体に105mm榴弾砲を搭載したM4（105mm）が6両ほど追加されていて、このうち3両は司令部中隊直属、残りはシャーマン中隊にそれぞれ1両ずつ割り当てられた。戦車小隊の配備戦車数は、ドイツ軍と同様に5両である。アルデンヌの戦いに参加したアメリカ軍機甲師団は、概ね1943年度の編制及び装備表にしたがい、戦車、機械化歩兵、機械化砲兵それぞれ3個大隊が加えられている。例外は第2機甲師団と第3機甲師団で、彼らは重編制仕様の1942年の編制及び装備表の名残で、各々が3個戦車大隊からなる戦車連隊2個を中核戦力としていた。

M4A3（76mm）に代表される第2世代のシャーマンの最も重要な変更点は湿式弾庫の採用である。これにより、砲弾は危険なスポンソンの弾薬ラックから撤去され、装甲箱に入った状態で、車体の床下弾庫に収納されるようになった。（国立公文書館）

アメリカ軍の戦車エース

　第2次世界大戦の米軍には、戦車エースは存在しない。これは、敵戦車を5両以上撃破した戦車兵が存在しないという事ではなく、そもそも戦車エースと呼ぶべき概念が存在していないことに加え、そうした枠組みを作ろうとする努力も、軍上層部の反対にあって簡単に握りつぶされてきたためである。敢えて、戦車エースと呼ぶにふさわしい最初の戦車兵を挙げるとすれば、第3機甲師団第32戦車連隊第3大隊I中隊のラファイエット・ポーレ軍曹だろう。ポーレ軍曹の乗車、"In the Mood"号は、258両のドイツ軍車両を撃破したことが報告され、そのうち1／3は何らかの装甲車両だったと伝えられている。1944年9月中旬、ストルベルクの戦いでポーレ軍曹は足を失う重傷を負い、乗車も撃破されている。ポーレ軍曹自身は2度にわたり名誉勲章の候補者となっているが、同勲章は乗員すべての奮闘を象徴する形で戦車長に与えられるべきと言う師団上層部の意見によって、2度とも退けられている。代わりに軍曹は殊勲十字章と銀星章を授与された。

　アメリカ陸軍で最も多くの敵を撃破した戦車長は、第4機甲師団第37戦車大隊長のクレイトン・エイブラムス大佐だろう。エイブラムス大佐の"サンダーボルト"号は、とりわけ激しい戦車戦を繰り広げてきた同大隊の中でも、最高の戦果を挙げた戦車だと認められている。同大隊の戦歴には、欧州戦役でアメリカ軍が遭遇した最大の戦車戦である、1944年9月のアラクールの戦いも含まれる。エイブラムスの戦果は、優秀な砲手であるジョン・ガトゥスキー軍曹に追うところが大きい。彼の"サンダーボルト"号は約50両のドイツ軍装甲戦闘車両を撃破したと見積もられているが、このような数字自体に価値が認められていなかったので、正確に記録している者はいなかった。終戦の時点で31歳だったエイブラムスは殊勲十字章と銀星章をそれぞれ2個ずつ賜った他、勇敢の証しである青銅星章と殊勲賞も授与されている。ジョージ・パットン将軍は後に彼を、「私は全軍を通じて、自分こそが最高の戦車部隊指揮官であると自負しているが、同じ高みにいるのがエイブラムスだ。彼は紛う事なき世界一の戦車兵である」と賞賛しているが、"サンダーボルト"号が多くの敵戦車を撃破したという実績ではなく、様々な作戦における戦場での、エイブラムスの卓越した戦術指揮能力に対して送られた賛辞である。アメリカ戦車兵の功績の基準は、戦場において発揮した能力に応じたものであり、ドイツ軍戦車の撃破数によって勲章の色が変化することはなかった。

対決前夜
The Strategic Situation

　1944年夏に東西両戦線で破滅的な敗北を喫したドイツ軍は、秋になってなお絶望的な戦略的状況に置かれていた。ルーマニアの油田をはじめとする希少鉱物資源の供給先が断たれ、軍需産業は間もなく窒息状態に陥ってしまう。この窮状を打破するために、ヒトラーはアルデンヌ攻勢に賭けた。連合軍をアントワープに追い落とし、イギリス第21軍集団を包囲して、第二のダンケルクを演出しようと夢想したのである [訳註15]。作戦名は、本来の目的を欺瞞するために、連合軍のライン渡河に備えた防御作戦を想起させる、「ラインの守り」と命名された。そして、作戦開始の数日前になって、「秋の霧」に変更されたのである。西部戦線に展開した自軍の状況から、ほとんどの高級将校は「ラインの守り」の成功を絶望視していた。作戦計画は、アルデンヌの森林地帯に展開するアメリカ軍が脆弱であるという一つの真実に大きく依存していた。オマー・ブラッドレー将軍が率いる第12軍集団は、歩兵戦力の不足に陥り、一部の戦区を手薄にして兵力を捻出しなければならなかった。そのような事情から見た場合に、丘陵と森林が複雑に交錯するアルデンヌの森林地帯は、ドイツ軍の反撃に不向きな地域であると、連合軍首脳部は予想していたのである。結果として、1944年12月にアルデンヌ地方に配置されていたのは、わずか4個歩兵師団に過ぎなかった。第4歩兵師団と第28歩兵師団はヒュルトゲンの森林地帯 [訳註16] を巡る戦いで被った損害の再建中であり、第99歩兵師団と第106歩兵師団は、到着したばかりで実戦経験のない新米師団である。

　ドイツ軍の攻撃は、北から順にゼップ・ディートリッヒのSS第6戦車軍、フォン・マントイフェルの第5戦車軍、ブランデンベルガーの第7軍の、3個軍によって行なわれる。もっとも強力なSS第6戦車軍を右翼にあたる北側に配置したのは、作戦目標のアントワープに最も近い経路にあたるためである。7月に発生した、ヒトラー暗殺未遂事件以来 [訳註17]、陸軍の高級将校を信用しなくなったヒトラーは、武装親衛隊への傾倒を強め、ディートリッヒに対して、4個SS戦車師団からなる2個SS戦車軍団を託していた。SS第6戦車軍の戦車配備数は、隣接する第5戦車軍と大きく変わらないが、SS装甲軍団にはそれぞれ定数を満たしたティーガーII装備の重戦車大隊が与えられていた。マントイフェルの第5戦車軍も、戦車師団4個からなる2個戦車軍団を保有しているが、第9戦車師団と第116戦車師団は、アルデンヌ北方のジークフリート線を巡って戦い続けていたため、充分な休養期間を与えられていなかった。ブランデンベルガーの第7軍は、2個戦車軍の突破に呼応した、戦線南側の防御が主要任務であり、戦車師団は与えられていなかった。

　作戦が順調に進捗した場合、4日後のXデイ+3日には先鋒部隊がミューズ河に到達する予定となっていた。作戦開始日、すなわちXデイにあたる

訳註15：1940年5月の対フランス戦で、アルデンヌの森を突破してイギリス・フランス連合軍を分断したドイツ軍が、イギリス軍の大陸派遣軍をダンケルク港に追い詰め、彼らが命からがら本国に帰還したことを指す。

訳註16：アルデンヌの地方の北方、ベルギー北西部とドイツ国境地帯の、ヒュルトゲンの森では、ドイツの要衝アーヘンを巡り、アメリカ第1軍とドイツ軍の間で、1944年9月から激しい戦いが行なわれていた。この地域は戦車の展開に適さないため、深い森林地帯での歩兵同士の戦いとなり、攻撃側のアメリカ軍に大きな損害が出た。特にペンシルヴェニア出身のアメリカ第28歩兵師団は、11月の戦いだけで6,000名近い死傷者を出し、師団シンボル「キー・ストーン」が血に染まったとして、「血のバケツ」師団と呼ばれるほどの損害を出した。そして、休養と再編成のためにアルデンヌ地区に後送されていたところに、第5戦車軍の直撃を受けたのである。ヒュルトゲンの戦いは1945年2月まで続いた。

訳註17：1944年7月20日、国内予備軍司令部参謀長クラウス・フォン・シュタウフェンベルク大佐を暗殺実行者として企てられた、ヒトラー暗殺未遂事件を指す。ヒトラーは間一髪のところで爆風の直撃を避けて軽傷で済んだため、クーデターは失敗に終わった。この事件に続く国防軍に対する粛清の余波で、エルヴィン・ロンメル元帥やギュンター・フォン・クルーゲ元帥が自殺するなど、数あるヒトラー暗殺計画の中でも、もっとも大きな影響をもたらした事件となった。

パンターの生産数不足は、別の戦車で穴埋めしなければならなかった。写真のⅣ号駆逐戦車は、Ⅳ号戦車の車体に重装甲の砲郭を固定して、パンターと同じ長身砲を搭載した改造車両である。ところが、1944年末から翌年にかけて、一部の戦車大隊には、「グデーリアンのアヒル」とあだ名された、Ⅳ号駆逐戦車/70が、パンターの代わりに送られてくるようになる。写真は第3機甲師団との戦闘で破壊されたⅣ号駆逐戦車である。車体の「こいつは先鋒にはなれない待ち伏せ兵器だ」という落書きが、実態を証明している。（国立公文書館）

1944年12月16日、まずアメリカ軍の薄い戦線に対して、歩兵師団が攻撃の中心となって突破口を開き、そこに後続する戦車部隊が突進し、ミューズ河を目指す段取りになっていた。8個戦車師団に配備されたパンター大隊 [訳註18] は、この突破戦闘において、先鋒部隊としての役割を期待されていた。もし彼らがミューズ河への突進に失敗すれば、アメリカ軍は間違いなく巨大な予備兵力をベルギーに投入して、攻撃部隊を叩き潰そうとするだろう。

　武装親衛隊の上級司令部には、しばしば軍事的能力よりも組織に対する忠誠が優先される人事が横行し、指揮能力に問題を抱えていた。アルデンヌ攻勢で武装親衛隊に与えられていた作戦遂行上の権限は、実のところ、攻撃作戦に不慣れな彼らの能力を超えるものだった。武装親衛隊は1943年から1944年にかけて組織的な拡大を続けていたが、この時期のドイツ軍は全面的退勢に陥っている。武装親衛隊が防御戦闘時にたびたび見せた仮借無い戦いと頑強な抵抗力は特筆すべきであるが、攻撃側に立った場合の武装親衛隊の能力に対して、国防軍の上級将校は懐疑的な目で眺めていた。彼らは偵察部隊の使い方に不慣れなだけでなく、攻撃作戦では重要な役割を担う戦闘工兵の存在を軽んじていたからだ。

　アルデンヌ攻勢に際しての戦術的な作戦計画は、ヒトラーの気まぐれに対する追従とは相反する軍事的な現実の間で矛盾を起こし、複雑怪奇な様相を呈していた。ヒトラーは、作戦開始時にアメリカ軍の防衛陣地に対して、破滅的な準備砲撃を加えるべきであると強く主張していた。この計画に対して、国防軍ではまず充分な砲撃を実施できるかどうかに疑問を抱き、ヒュルトゲンの森林地帯における戦訓に鑑みると、森林地帯の塹壕に拠るアメリカ軍に対する砲撃は効果が薄いことを見越していた。マントイフェルをはじめとする国防軍の高級将校は、第1次世界大戦後半や東部戦線での成功例、すなわち準備砲撃無しの浸透戦術による敵拠点の無力化を重視していた。効果が薄い砲撃は、敵の警戒心を強めるだけだと考えたのである。この不協和音は、作戦開始当日の早朝に奇妙な形となって現出した。ディートリッヒのSS第6戦車軍が、ヒトラーの着想にしたがい、無意味な準備砲撃を実施する一方で、マントイフェルは浸透作戦を遂行していたの

訳註18：実際にパンター大隊（中隊）などの部隊名称は存在しないが、本書の目的に照らし合わせ、わかりやすくするために、便宜的にこのような呼称を用いている。

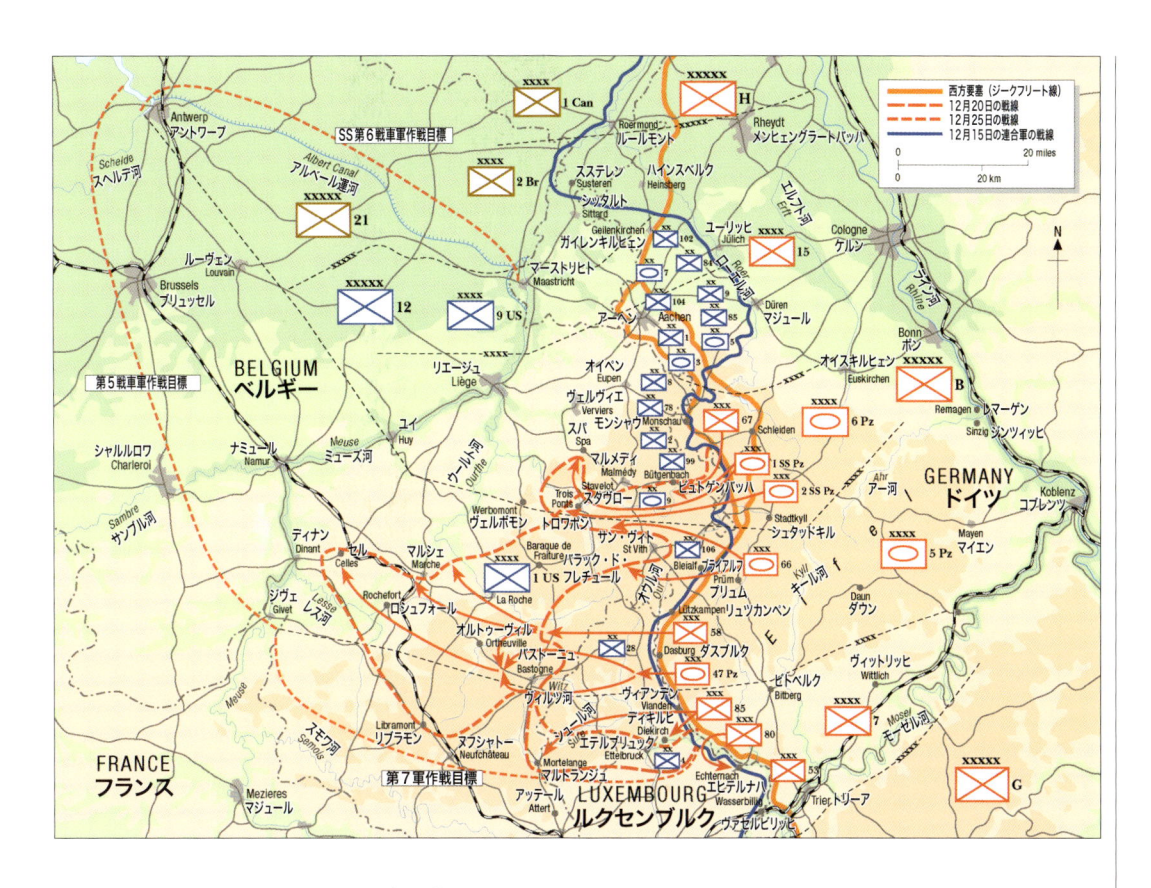

である。

　バルジの戦いは、雪に覆われた丘陵地帯を舞台として、冬季に実施された作戦であることは言うまでもない。実際のところ、最初の一週間は、みぞれまじりの雪が吹き付ける悪天候の中、凍えるような泥土の上での戦いとなった。1944年秋の西ヨーロッパは、例年に倍する降雨量を記録する異常気象に見舞われており、ドイツの西側国境沿いに広がる牧畜、農業地帯は一面の泥の海と化していたのである。戦車にとって、道路を外れての機動が極めて危険であることを、ドイツ軍はすぐに思い知らされた。結果として、戦車は路上でしか作戦行動ができず、アルデンヌに点在する農村が、攻撃が始まった最初の一週間において、極めて厄介なアメリカ軍の拠点と化していた事実が待っていたのである。

戦闘開始
Combat

■パンターの墓場：クリンケルト～ロッヒェラート

　作戦戦区の最北部に配置されたSS第12戦車師団「ヒトラー・ユーゲント」は、アメリカ第99歩兵師団の2個大隊が守る陣地を第277国民擲弾兵師団が突破するのを待っていた。しかし、Xデイに突破が失敗したことが明らかになると、SS第12戦車師団は、SS第25機甲擲弾兵連隊から、IV号駆逐戦車を含む戦闘団を抽出し、突破戦闘を支援させた。この日の戦闘は高く付いたが、ドイツ軍はどうにか道をこじ開け、クリンケルトとロッヒェラート、作戦開始地点からほんの数マイルしか離れていない2つの農村に向けてようやく移動を始めた。しかし、アメリカ軍側では第2歩兵師団第9連隊の第1大隊を2つの村への途上にあるラウスデール十字路付近に送り込んでいた。彼らの犠牲を以て、後続部隊が到着するまでの時間を稼ごうと決意していたのである。ドイツ軍の先遣部隊が村内への浸透を試みたが、隣接戦区のエルゼンボルン峠に展開したアメリカ軍砲兵の砲撃が激しさを増し、十字路に布陣したアメリカ軍守備隊の抵抗が頑強だったことも相まって、突破は失敗した。X+2日なっても一向に成功しない突破作戦に業を煮やした師団長（ヒューゴー・クラースSS大佐）は、2個パンター中隊に望みを賭けた。機甲擲弾兵の支援もないまま、敵の防衛線にパンターを投入するのは、ドイツ軍の戦闘教則に反した行為であるが、すでに師団の前進は事前の作戦スケジュールから大幅に遅延していたため、手段を選んでいられる状況ではなくなっていたのである。未明に戦闘を開始したパンター部隊では、地雷と阻止砲撃によって4両が失われた。それでも十字路の敵を掃討すると、パンター部隊は村への突入路をこじ開けるために戦い、阻止砲撃や小火器による反撃によって、支援のために随伴していた機甲擲弾兵部隊に多数の損害を出したてしまった。

　12月18日、村落は第741戦車大隊の20両ほどのシャーマンと、若干のM10戦車駆逐車の支援を受けた第38歩兵連隊が守備に着いていた。このシャーマンには76㎜砲搭載型は含まれていない。村落への突入に成功したパンター部隊は、そこで、度重なる待ち伏せに直面した。街路や建物の陰に隠れていたシャーマンからの待ち伏せ攻撃によって、たちまち6両のパンターが失われたのである。さらに、敵歩兵のバズーカや57㎜対戦車砲によって損害がかさむ。クリンケルト～ロッヒェラートを巡る戦闘は夕方まで続き、敵守備隊を駆逐するために第12国民擲弾兵師団まで投入されるが、成果は上がらなかった。12月19日の午後になり、アメリカ第38歩兵連隊はようやく撤退したが、第741戦車大隊の2個中隊は、8両の損害と引き替えに、この村落を巡る戦闘で、ドイツ軍戦車27両、IV号駆逐戦車、装甲車、ハーフトラック各2両を撃破したと主張している。また第

644戦車駆逐大隊のM10戦車駆逐車は16両、連隊の57mm対戦車砲部隊は19両、バズーカ班は37両を、それぞれ撃破したと主張している。これらを合計すると100両を超えるドイツ軍戦車が撃破されたことになるので、誇張は明らかであるが、戦いが激烈であったことははっきりと伝わってくるだろう。ドイツ軍側に損害に関する詳細な記録は残っていないが、パンター中隊は戦力を喪失し、以後の戦闘では主要な役割を果たしていない。12月20日、SS第12戦車師団はドム・ビュトゲンバッハの突破を試みるが、この時に攻撃を支援した装甲車両の中心は、ヤークトパンターやIV号戦車、IV号駆逐戦車であった。この戦いは、3日後の12月22日に、第745戦車大隊から分遣されたシャーマン1個中隊の支援を受けた第38歩兵連隊が到着したことで、中止となった。この日、第12SS戦車師団の前進は停止した。

　SS第Ⅰ戦車軍団のパートナー、SS第1戦車師団には、パンター中隊を編制に加えたパイパー戦闘団があった。SS第12戦車師団が直面した展開と同様に、SS第1戦車師団の戦区でも、アメリカ軍前線に対する歩兵の突破戦闘が失敗に終わり、パイパー戦闘団の前進スケジュールに狂いが生じている。それでも、X+1日にあたる12月17日の午後遅く、パイパー戦闘団はアメリカ第30歩兵師団にタッチの差で先んじてスタブローに到達できた。翌日、戦闘団はパンター中隊を前衛に置き、ラ・グレーズを目指してスタブローを後にしたが、残敵掃討が充分でなかったため、間もなくパイパー戦闘団は師団本体との連絡を断ち切られてしまう。この段階で、パイパー戦闘団の戦車戦力はパンター23両、IV号戦車6両、ヴィルベルヴィント対空戦車1両、ティーガーII重戦車6両まで減少したが、故障と副次的任務への分遣がその主要因である。12月19日の戦いで、パンター中隊は第30歩兵師団からストゥーモンを奪い取ろうと奮闘したが、夕方になって撃退された。これがバルジの戦いにおけるSS第1戦車師団の最大進出点であり、アメリカ軍の増援が到着し始めるにつれて、パイパー戦闘団はラ・グレーズに閉じこめられる形となった。そしてクリスマス・イブになり、ついに戦闘団は重装備を遺棄して後退を開始したのである。

　突破作戦の要となるSS第Ⅰ戦車軍団の失敗は、ドイツ軍の作戦計画に深刻な影響を与えた。ミューズ河への最短経路は、充分な数のシャーマン戦車の支援を受けた、アメリカ軍歩兵師団によって完全に閉じられている。

12月19日、クリンケルト〜ロッヒェラート近郊の戦いで撃破された、SS第12戦車連隊本部の偵察小隊に所属していたパンター。(Bill Auerbach)

クリンケルトの村落内の戦闘が終わった後で撮影された写真。村の教会の側で2両のパンターが撃破されたことがわかる。手前の車両、318号車はクルト・ブレーデルSS大尉の乗車で、砲身が破裂した状態で遺棄されている。(国立公文書館)

パンター装備の各戦車大隊は消耗し、SS第1戦車連隊はラ・グレーズで保有しているほとんどのパンターを遺棄することを余儀なくされ、SS第12戦車連隊でも、クリンケルト～ロッヒェラートの戦いで、大半のパンターを喪失している。結果、SS第II戦車軍団の攻撃は、予定よりも南の、国防軍が順調な突破を成し遂げつつあった戦区で実施されることになった。しかし、SS第II戦車軍団の投入の遅れは、強力な戦車部隊を含むアメリカ軍の増援部隊との激突を招くことになった。

■バストーニュへの突破

　SS第6戦車軍が担当戦区における突破作戦に失敗する一方、マントイフェルの第5戦車軍は歩兵を上手く使い、突破作戦を成し遂げつつあった。事前の命令を無視して、担当戦区を入念に偵察して敵情を掴んだマントイフェルは、「ベイビー部隊」であるアメリカ第106歩兵師団の布陣が極めて脆弱であることを看破していた。準備砲撃の予定時間前に、マントイフェルは2個歩兵連隊による敵前進拠点の迂回浸透作戦を実施した。作戦は成功し、2個連隊を丸ごと捕虜にしたことで、アメリカ軍の戦線には巨大な穴があいた。この戦区に布陣していた第28歩兵師団は、先月までのヒュルトゲン森林地帯の戦いで被った甚大な損害からの回復途中であった。圧倒的な劣勢に置かれながらも、第707戦車大隊の支援を受けた同師団の歩兵連隊は、防衛線に拠って頑強に抵抗した。第707戦車大隊は、アルデンヌに布陣していた他の戦車大隊と同様に、装備の中心はもっぱら通常のシャーマン戦車であり、76mm砲搭載型は配備されていなかった。続く4日間、第28歩兵師団と第707戦車大隊は悲惨な戦いを強いられ、じりじりとバストーニュの街に向けて後退した。ドイツ軍の第116戦車師団はウーフ

ァリーズ、第2戦車師団はバストーニュにそれぞれ向かい、前線にできたすき間を押し広げようとした。そして、どちらの戦いでも、偵察部隊の中にパンター戦車の姿があった。

　第28歩兵師団の犠牲によって、アメリカ第1軍は増援をまとめるための貴重な時間を稼ぐことができた。最初に到着したのは2個戦車師団から抽出された戦闘コマンドで、第106歩兵師団が包囲された結果生じた戦線のすき間に投入された。第9機甲師団のB戦闘コマンドは、戦車、機械化歩兵、機械化砲兵大隊からなる標準的な戦闘団であり、とりわけ第14戦車大隊はアルデンヌの戦いにおいて最初に戦闘に参加したM4A3（76㎜）装備の部隊だった。第7機甲師団はオランダ方面から救援に駆けつけ、B戦闘コマンドはそのままサン・ヴィトに投入された。これらの戦闘コマンドは、第28歩兵師団、第106歩兵師団の残余部隊と共にサン・ヴィトに突出部を形成し、まさに「ドイツの喉仏に刺さった魚の骨」のようになって、23日まで同地を保持していた。サン・ヴィトは第5戦車軍とSS第6戦車軍の中間点を扼し、戦線の間隙を押し広げようとするドイツ軍の努力を台無しにしていた。この戦区に投入されたアメリカ軍戦車大隊は、もっぱらドイツ軍の歩兵部隊を相手とする戦闘に終始していて、時折、戦車や突撃砲との小競り合いが発生するような状態だった。

■天候の好転と航空攻撃

　作戦開始のXデイから一週間後の12月23日、第5戦車軍はどうにか前線を突破したが、バストーニュに取り付く頃には、すでにアメリカ第101空挺師団が増援として到着した後だった。また、SS第6戦車軍はいまだ北方戦区で足止めされていた。天候も急変した。22日から23日にかけて、ロシア方面から到来した寒気団によって、気温が急速に低下したのである。

ベルギー国境に沿って展開する歩兵師団を支援していた独立戦車大隊の装備は、通常型シャーマンが大半を占めていた。第707戦車大隊は第28歩兵師団の支援部隊である。写真はクレルヴォーの戦いでⅢ号突撃砲と並んで撃破されている同大隊所属のM4A3である。（国立公文書館）

1945年1月23日、第23機械化歩兵師団はサン・ヴィットを目指す途中、ユナージュを奪回した。同師団は第7機甲師団からの支援を受けていたが、写真はその時のM4A3（76mm）である。

　ぬかるんでいた地面は固く凍りつき、ドイツ軍の攻撃戦術に大きく影響した。ようやくパンターが路外に出て、不整地を駆けられるようになったからである。パンターは今や町や村の間をかろうじて繋いでいるだけの、薄く引き延ばされたアメリカ軍戦線に対し、自由に攻撃地点を選べる環境を手にしたのである。しかし同時に、天候の回復によって、アメリカ軍の戦闘爆撃機の動きが活発になった。まず最初に、戦車師団の死命を決する補給部隊が、サンダーボルト戦闘機の犠牲となった。バストーニュは第5戦車軍にとって厄介な重荷であり続けたが、北方では第7機甲師団および第9機甲師団から派遣されたB戦闘コマンドが、それぞれサン・ヴィットの馬蹄形陣地から後退許可を受けて西方に退いたことで、ようやくドイツ軍はサン・ヴィットの交差点を使えるようになった。また、天候の変化によって戦術的な環境が整ったため、ようやくSS第Ⅱ戦車軍団が待ち望んでいた状況となった。SS第2戦車師団とSS第9戦車師団は、突破戦力の中核部隊となり、ミューズ河を目指して前進を開始したのである。
　この時点で、第5戦車軍がどの方面に突破しようとしていたのか、実のところは判然としない。ミューズ河への最短ルートはSS第6戦車軍の戦区に指定されているため使用できず、マントイフェル麾下の国防軍戦車師団はミューズ河までもっとも距離のあるルートを選んで前進していたからである。作戦の遅延は深刻で、貴重な時間を得たアメリカ軍は、機動力に優れた機甲師団を次々とアルデンヌに投入していた。南方のザール地方には、ライン河を目指す攻勢を準備中だったジョージ・パットン将軍の第3軍がいたが、アルデンヌの戦いに呼応し、すでに1個軍団が東ではなく、北方を目指して動き始めていた。目標はバストーニュ。また、アルデンヌの北方では、"ライトニング・ジョー"ことコリンズ将軍の第7軍団が、通常の3個戦車大隊ではなく、各々が6個戦車大隊で編成されたアメリカ軍最強の第2機甲師団と第3機甲師団を伴い、救援準備を急いでいた。第7軍団はタイユ台地沿いに発動される第2次反撃部隊の中核戦力の役割を期待されていた。そして、この2個師団は、それぞれアルデンヌの戦いを飾る戦車戦を演出することになる。第3機甲師団は、マンエーを超えて丘陵地帯

へと突入しようとするSS第Ⅱ戦車軍団の前に立ちふさがり、第2機甲師団は、バストーニュを迂回して前進を続ける第5戦車軍の先鋒戦車部隊との間で、クリスマスの日に激突するのである。

　第7機甲師団がサン・ヴィトの馬蹄形陣地から撤退したタイミングは、第3機甲師団の2個戦闘コマンドがマンエーの交差点付近に到着した時期と一致する。この直後、SS第2戦車師団があらわれ、12月23日にマンエーの外縁部への攻撃を開始した。12月24日のクリスマス・イブの日に、マンエーを占拠する目的でパンター 2個中隊が突入を試みた顛末は次のとおりである。12月24日、第7機甲師団がマンエー南方の防御陣地を再構築していたまさにその時に、SS第2戦車連隊の2個パンター中隊による攻撃が始まり、月明かりの元で、アメリカ軍車列に射撃を浴びせながらマンエーに押し入ろうとした。続く数日の間、第3機甲師団はマンエー及びグランメニル近郊でSS第2戦車師団と血みどろの激戦を繰り広げ、同時にオットンとソイでは第116戦車師団とも戦火を交えていた。周辺は深い森林に覆われた丘陵地帯であり、戦車には通過不可能であったため、これらの町にある交差点はリエージュに抜けようとするならば不可欠な隘路を形成していた。町を見下ろす丘陵地帯に砲兵部隊の布陣が進み、阻止砲撃によってドイツ軍の頭を抑え付けるにいたり、戦況はアメリカ軍有利に傾き始めた。パンター部隊は近距離での混戦を強いられ、その結果、随伴する機甲擲弾兵は阻止砲撃によって引きはがされて、孤立したパンターがアメリカ軍戦車やバズーカ砲の攻撃対象として暴露するようになってしまったのである。12月26日には、グランメニル奪回のために投入されたマクジョージ任務部隊が、偶然にも町から出撃してきたSS第2戦車連隊との間で遭遇戦に突入した。開鑿地でパンターと遭遇したシャーマンに勝ち目はなく、可動できる2両を残してシャーマン部隊は全滅した。しかし、この戦闘によりドイツ軍の攻撃計画は阻止され、結果としてこの戦区におけるドイツ軍の前進も止まったのである。第116戦車師団もオットンの西方に抜けることはできず、クリスマスが終わる頃には、この戦区のドイツ軍の攻撃は停止し、敗北が確定したのである。

写真のパンター G型は12月26日、オットン近郊の戦車戦で、米第3機甲師団と戦った第116戦車師団の所属車である。奥にはⅣ号戦車の611号車も確認できる。エンジンデッキに乗員コンパートメント用のヒーターカウルが確認できるので、1944年10月以降に生産された車両であることがわかる。

■フレヌーの戦車戦──1944年12月24日

　フレヌー[訳註19]で発生した戦車戦は、パンターとM4A3（76㎜）の実戦における性能差、並びに、戦術的状況の重要性を説明する好材料となっている。クリスマスを挟んだ数日間に、マンエー周辺では第3機甲師団とSS第2戦車師団の所属部隊の間で、無数の小競り合いが発生していたが、ここで取り上げるフレヌーの戦車戦もその一つである。ケイン任務部隊は

訳註19：SS第Ⅱ戦車軍団とアメリカ第3機甲師団が激しい争奪戦を繰り広げたマンエー〜グランメニルの南部にある小村。12月23日にバラック・ド・フレチュールの交差点を確保したSS第2戦車師団は、翌24日、マンエーを南西から突く形を作るために、エーヌ河沿いの街道にパンター装備の第2、第3戦車中隊を差し向けた。この先遣部隊の進撃路の西側にあった小村がフレヌーである。

パンターの砲手の視点

倍率2.5倍にセットしたTFZ12a望遠照準器で捕らえたシャーマン。距離は900mである。

5倍に切り替えたTFZ12a望遠照準器では、このようにはっきりと確認できる。

戦闘開始

第3機甲師団所属のシャーマン。左側はM4A1（76㎜）で、右は重装甲のM4A3E2である。（国立公文書館）

各所に散らばっていた第3機甲師団の一部隊で、マンエーの南西部に布陣していた。ケイン任務部隊は、第32戦車連隊のシャーマン12両、M5A1軽戦車5両と、師団直属の偵察大隊からのM5A1が4両、第54機械化砲兵大隊からのM7プリースト105㎜自走砲6両および工兵小隊によって構成されていた。彼らの主任務は、ドゥシャンプの村を奪って、第560国民擲弾兵師団の前進を阻止することだった。しかし、ドゥシャンプを確保するために12月23日に行なわれた最初の攻撃は、第1129国民擲弾兵連隊の奮戦によって阻止された。ケイン任務部隊は隣接するラモーメニルとフレヌーの小村落まで退却し、そこで第643戦車駆逐大隊から8門の3インチ対戦車砲の増援を受けた。このうち2門はフレヌーに送られた。23日夕方には、第82空挺師団の第517連隊第1大隊が増援として到着し、ドゥシャンプに対する夜戦が行なわれたが、計画が稚拙だったためにあっけなく撃退された。ケイン任務部隊は第1130国民擲弾兵連隊が実施した2つの村への攻撃に対する防御戦に、12月23日の大半を費やしている。そして、戦闘が終わったときには、南西に向かう路上にシャーマンとM5A1が各2両、南東方面にはシャーマン3両と2両のM5A1が守備についていた。この南東方面へ向かう路上を守る部隊の内訳は、車両番号D-31、チャールズ・マイヤーズ少尉のM4A3（76㎜）、車両番号D-34のアルヴィン・ベックマン軍曹および、車両番号D-32、レッキ・グラハム軍曹のM4A1（76㎜）の他、第83偵察大隊第3小隊のM5A1軽戦車2両および同大隊の歩兵45名であった。

12月24日払暁、第1130国民擲弾兵連隊は、突撃砲の支援を伴って再びフレヌーへの攻撃を開始したが、この時も撃退された。代わって登場したのがSS第2戦車師団のSS第3機甲擲弾兵連隊から分遣された戦闘団で、SS第2戦車連隊第Ⅰ大隊から2個パンター中隊の支援を受けていた。攻撃の

パンターG型の7.5cm KwK42 L/70主砲の照準は、TZF12a単眼式望遠照準器で行なわれる。D型ではTZF12双眼式望遠照準器を使用していた。TZF12aには、2.5倍と5倍の2つの望遠モードがあり、低倍率で戦場全体を広く見渡し、射撃のために正確な照準を必要とする際に、高倍率に切り替えた。TZF12a照準器を覗くと、視野の中央には弾道の照準針となる三角形の線が描かれ、その両脇に一回り小さな三角形が並んでいる。砲手は、照準針となる中央の三角形の頂点と目標が一致するように狙いを定める。この弾道照準針は目標までの距離をある程度まで視距する基準にもなり、熟練した砲手であれば、照準針と目標の大きさの比較によって、距離を推測できた。砲撃には、シュトリヒという単位を用いる。これは距離の1/1000を正確な幅に置き換えたもので、大きな照準針の幅は4シュトリヒ（距離1,000mで4mの大きさの物体に該当する）、小さな三角形は2シュトリヒとなっている。例えば、シャーマンの全幅は約2.7mだが、もし照準針の横幅一杯にシャーマンの正面シルエットが映っている場合は、距離は670mということになる。言うまでもなく、戦闘が激化する中でこのような計算をするのは難しいため、砲手は反射的にこの距離をはじき出せるよう、充分に訓練を受けている。実践的な方法として、距離を測るために同軸機銃を使用する砲手もいた。照準針の両脇の三角形は、移動中の目標の速度を推測するのに使用するが、これも先の射撃と同様に、実戦の最中に計算するのは困難なので、普段からの訓練がものをいう。照準針の周囲を取り巻く目盛りは、使用する砲弾の種類に応じた微調整を補助する照尺である。砲手は、主砲と同軸機銃のどちらか使用する武器の種類に対応した照尺をダイヤルで指定し、照準針の頂点が指し示す距離を調整する。イラストの場合の39/42型被帽徹甲弾ならば900mである。このようにして、距離に応じた砲弾の弾道を考慮し、砲の仰角を調整するのだ。

1945年1月3日、バストーニュ解放に着手した第4機甲師団のM4。手前の地面では、機関銃班が7.62mm機関銃を設置している。（国立公文書館）

　第一波では、燃料を節約するために擲弾兵が跨乗したパンターが攻撃の先頭に立った。オデーニュを出た攻撃部隊は、道路沿いに北上してオスターを抜き、そこから作戦の主要目標であるマンエーを攻略しようとの計画だった。攻撃の先頭に立つのは第1小隊長のフリッツ・ランガンケSS少尉である。0800時、ドイツの戦闘団はケイン任務部隊とブリュースター任務部隊の布陣のすき間にあたる、フレヌー東部の渓谷を抜けて北上し、その途中に、フレヌーの防備が「軽微である」旨の報告を受けた。フレヌーは作戦目標には含まれていなかったが、オスターおよびマンエーへの進撃に際して、後方からの脅威を取り除くことができると考え、戦闘団はランガンケの小隊を含むフレヌー攻略部隊を分遣した。4両のパンターが路上を外れてフレヌーの村落を目指し、残りの部隊は橋の南側の浅瀬を渡った。フレヌーに流れ込むエーヌ河にかかる小橋梁を観測した結果、ランガンケは地雷が埋設されている可能性を考慮して、橋からやや北側に離れた浅瀬を渡ることにした。そこからなら、村に隣接する牧草地に入ることができたからである。

12月24日、第3機甲師団との戦いで、マンエー〜グランメニル間に遺棄されたSS第2戦車師団のパンターG型。（国立公文書館）

ランガンケの部隊が橋を迂回した結果、アメリカ軍から見てパンターの小部隊がフレヌーに布陣した自軍の背後にあたる北東部から現れる形になった。戦車が接近してくる音に気付いたアメリカ軍の偵察部隊は、フレヌー村内に点在している戦車部隊に急を告げる。この時、マイヤー少尉はフレヌーで打ち合わせ中であり、D-31号の指揮代役は砲手のジム・ヴァンス軍曹に任されていた。D-31号は村の教会と共同墓地の側にあって、石壁に隠れるようにして敵を待ちかまえていたが、村の北側に広がる牧草地からはほとんど丸見えの状態だった。D-31号が、村に接近してくるパンターと最初に射撃戦を演じることになった。ランガンケの小隊は、4両が横に広がり、小隊長車が最右翼に位置する散開隊形で進んでくる。砲手のヴァンス軍曹は、シャーマンの76㎜砲では、側面からでしかパンターを撃破できないことを知っていた。状況としては、ランガンケのパンターがD-31号の真正面だったので、ヴァンスは他の3両、特にランガンケの左隣のパンターを狙いを定めた。この一撃は貫通弾となって砲弾の誘爆を導き、パンターの乗員は慌てて脱出を始めた。跨乗していた擲弾兵もパンターから飛び降り、遮蔽物を探して散った。次にヴァンスは、最左翼を進むパンターに狙いを付けた。やや傾斜の掛かった丘陵を進むパンターは、ヴァンスの前に脆弱な側面をさらしていたのである。再び、致命的な一撃がパンターを襲い、たちまち車両は炎に包まれた。そしてヴァンスが3両目に狙いを定めようとしている間に、別のアメリカ軍戦車がこれに命中弾を与えたが、撃破するには至らなかった。パンターは後退をはじめ、フレヌーから遠ざかっていったのである。突然の攻撃を受けたランガンケは、僚車が次々と撃破されている間、ただ敵の砲火の位置を確認することしかできなかった。真っ白な雪が、村と周囲を取り巻く丘の輪郭を際立たせているなか、ランガンケは遮蔽効果のある地形を探して車体を隠すように僚車に命令した。ところが、後退中のランガンケは、M4A1（D-34号）を発見した。村の十字路に対して待ち伏せの位置にいたD-34号は、主砲をランガンケのいる牧草地とは反対側に向けた状態だったのである。ベックマン軍曹が後方の状況に気付き、対処のため砲塔の旋回を命じたときには、ランガンケからの攻撃が命中して、シャーマンは炎上していた。その直後、ランガンケのパンターには、フレヌーに展開していた、ありとあらゆるアメリカ軍の砲火が浴びせられる展開となった。パンターの砲手は村の中にいる別の2両のシャーマンに狙いを付けようと試みるが、遮蔽物となっている石壁を破壊するに留まった。自軍の正面装甲にはすでに10発を超える命中弾を受け、溶接部がひび割れ始めるに及んで、ランガンケは潮時であると判断して、河の土手への退却を命じた。

　ランガンケが退却を開始した頃、オスターに向けて進撃中のSS第2戦車連隊のパンター第3中隊は、自分たちがフレヌーから見て暴露した状態であることに気付いていなかった。地形に阻まれてランガンケのパンターを撃つことができなかったグラハム軍曹のD-32号は、約2,000ヤードの距離にパンターの車列を発見したのである。D-32号の初弾は命中しなかったが、次弾がパンターの側面に命中し、誘爆を引き起こした。別のパンターは反撃に移る動きを見せたが、装甲が薄い背面からの命中弾によって撃破された。

　牧草地を舞台に戦いが行なわれている間に、別のパンター小隊が村の東

側から川を渡ってきた。SS第2戦車連隊パンター第2中隊を率いるアルフレッド・ハーゲシェイマーが、6両のパンターを率いてフレヌーの外周陣地に迫り、偵察大隊から分遣されたM5A1を撃破したのである。分遣隊を指揮していたアドルフォ・ヴィラヌエーバ軍曹は、抵抗を諦めて、村の西側に布陣しているアメリカ軍戦車部隊の元に急行し、ハーゲシェイマーの前進を阻むのに適した待ち伏せ地点を、彼らに直接指示した。先頭を進むパンターはたちまち複数の命中弾を受けた。貫通弾は発生しなかったが、衝撃で主砲が送弾不良を起こし、砲手が負傷したため、ハーゲシェイマーは操縦手に退避を命じた。他の5両のパンターも後退し、この途中に1両が撃破された。そこにアメリカ軍の対地攻撃機が飛来し、ドイツ軍の隊列に機銃掃射を浴びせてきたために、戦闘は中断した。機甲擲弾兵小隊による攻撃も行なわれたが、その直前に空挺1個小隊がフレヌーの強化に投入されていたため、M5A1軽戦車1両がパンツァー・シュレッケによって撃破されたものの、このドイツ軍の攻撃も退けられている。

　午後遅くになって、フレヌー北側を通過する街道の監視任務を解かれたアメリカ第9機甲師団第14戦車大隊C中隊のシャーマン4両が、北西方向からフレヌーに進入してきたが、彼らはその日にフレヌーで行なわれていた戦いをまったく知らなかった。傷ついたランガンケのパンターは河の近くの窪地に身を潜めていて、用心深く戦場を監視していた。そして、戦闘が小康状態になると、機関銃で攻撃を加えていた。そこに、シャーマンの隊列が無防備な側面をさらした状態で姿を現したため、ランガンケはこれを次々に撃ち、4両すべてを撃破した。

　日も暮れる頃になると、戦場には炎上した戦車の残骸が点在していた。パンターとシャーマンが各5両と、M5A1軽戦車が2両、そしてランガンケとハーゲシェイマーの乗車を含む3両のパンターが損傷している。撃破された戦車の数は同数だが、結果はまったく異なる。ケイン任務部隊はラモーメニルとフレヌーの村落を防御するという目的を完全に達したのに対し、ドイツ軍はこれらの拠点からアメリカ軍を駆逐するのに失敗しただけでなく、マンエーを南西から攻撃するという任務もこなせなかった。結果として、有名なバルクマンも参加した、残りのパンター中隊を主体とする夜戦が行なわれた [訳註20]。

訳註20：フレヌーを抜けなかった第2、第3戦車中隊の残余は、オデーニュに帰還し、同日、師団は3個パンター中隊を持ってマンエーへの夜戦を敢行した。この戦いの中に、エルンスト・バルクマンもいたが、25日の戦いで重傷を負い、後送されている。

　フレヌーの戦車戦には、本書ですでに幾たびも説明してきた要点が凝縮されている。この戦車戦で撃破された車両は、ほぼ例外なく敵戦車の存在に気付く前に致命的な攻撃を受けていることから、「先に発見し、先に攻撃し、先に命中弾を与える」原則の重要性は明らかである。ランガンケとハーゲシェイマーの乗車が生き残った状況から、パンターの正面装甲が恐るべき強度を持つことは疑いない。対照的に、シャーマンはどこから攻撃されても、命中弾が致命傷となる。しかし、ランガンケ小隊が被った損害を見れば、パンターが決して無敵ではないことははっきりする。正面で向かい合っての戦車戦や一騎打ちであれば、パンターは恐るべき防御力を発揮するが、実際の戦場では、数百メートル程度の距離の中で複数の戦車を巻き込んだ戦闘となるのが自然であり、フレヌーで第3機甲師団の戦車兵が見せたように、パンターの側面装甲を狙った攻撃も可能になる状況は、当然のように発生するのである。

1944年12月24日 フレヌー近郊の戦車戦況

1. ドイツ軍戦闘団のパンター部隊がオデーニュから進撃を開始する。
2. フリッツ・ランガンケSS少尉指揮下のSS第2戦車連隊パンター第2中隊第1小隊は、エーヌ河の橋に地雷が仕掛けられていると判断する。
3. ランガンケ小隊の4両のパンターは、橋の北側の浅瀬でエーヌ河を渡り、フレヌー北部の牧草地に進入する。
4. アルフレッド・ハーゲシェイマーSS大尉麾下のSS第2戦車連隊パンター第2中隊所属の7両のパンターが、橋の下流でエーヌ川を渡り、フレヌーへの攻撃位置につく。
5. 第32機甲旅団D中隊所属のヴァンス軍曹のM4A1（76mm）が接近中のパンターを発見し、4両すべてに命中弾を与え、2両を撃破する。
6. ランガンケ小隊の2両が貫通損害を受け、乗員は脱出する。ランガンケ自身と残る1両も命中弾を被る。
7. 退却の途中、ランガンケはM4A1（D-34号）を発見し、後部から攻撃を加えて撃破する。
8. ランガンケと生き残った僚車は橋の方向に退却し、森の中の窪地に車体を隠す。
9. グラハム軍曹のM4A3（76mm）が、オスター方面に向けて移動中のSS第2戦車連隊パンター第3中隊を確認。遠距離射撃で2両を撃破する。
10. 2両を撃破され、他にも命中被害を受けたSS第2戦車連隊パンター第3中隊は、遮蔽となる森林の陰に退避する。
11. ハーゲシェイマーSS大尉のSS第2戦車連隊パンター第2中隊残余車両は、東側からフレヌーに迫り、M5A1軽戦車1両を撃破するが、アメリカ軍の反撃でパンター1両を失い、自身の乗車も損傷する。
12. 1500時前後、ラ・フォッスの監視任務を解かれた第9機甲師団第14戦車大隊C中隊第3小隊の4両のシャーマンが、フレヌーでの戦車戦に気付かぬまま進入し、ランガンケのパンターから攻撃されて、4両すべてのシャーマンを撃破される。

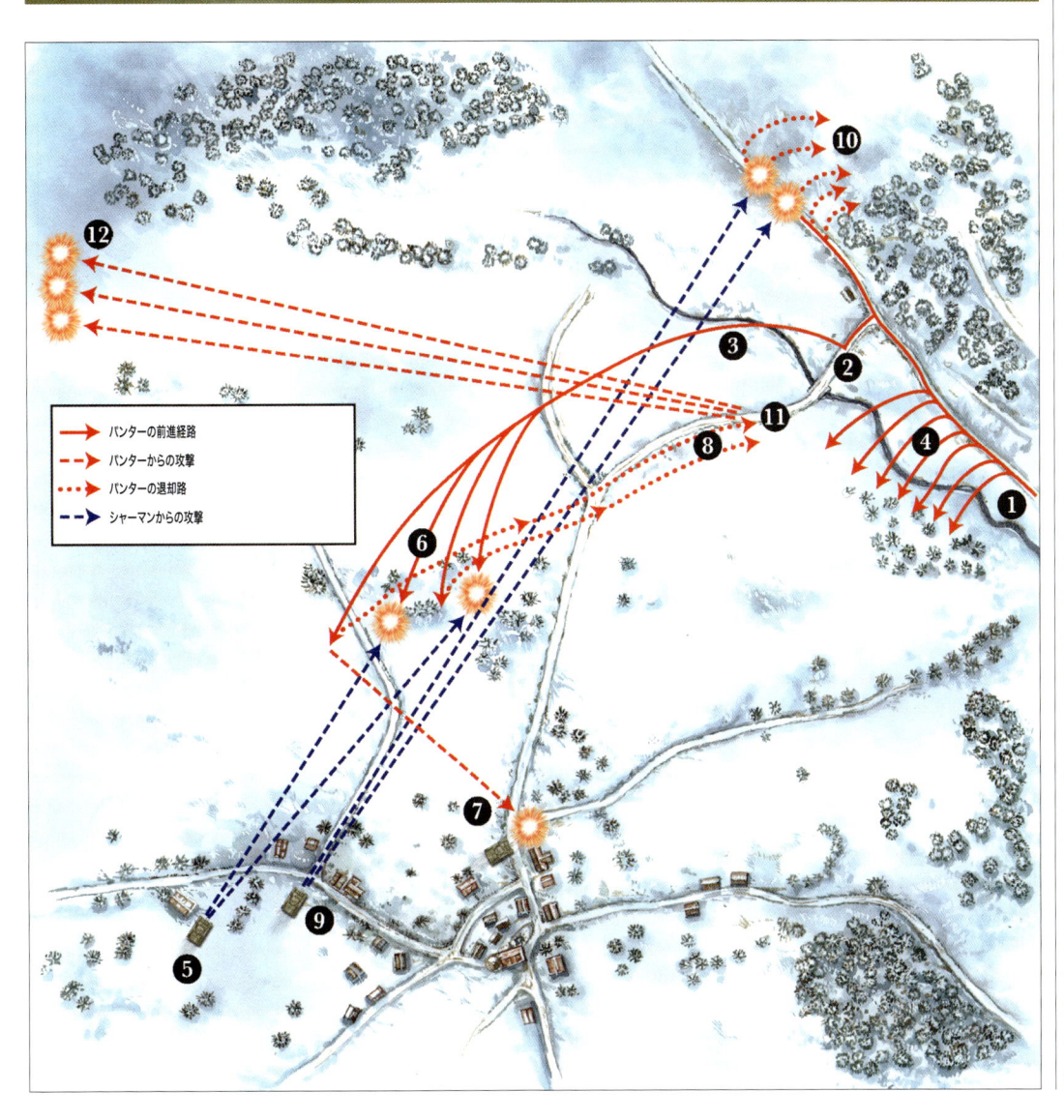

クリスマス・イブの12月24日、SS第2戦車師団は、第3機甲師団のケイン任務部隊を駆逐してマンエーを抜き、グランメニルに侵入した。写真は、同戦車師団の撃破されたパンターだが、フレヌーで撃破されたパンターの状況も似たり寄ったりだろう。
(国立公文書館)

■無益な追撃戦

　アルデンヌの戦いにおけるドイツ軍のもっとも劇的な前進は、バストーニュの西方に広がる開墾地で見られた。12月23日、第2戦車師団の偵察部隊がミューズ河まであと9kmに迫るディナンの町に到達し、その翌日には師団の戦車大隊もディナンに入ったのだ。しかし同時に、イギリス軍の第3王立戦車連隊のシャーマン部隊が、ディナンを目指してミューズ河を渡り、ドイツ軍偵察部隊と接触していた。また24日になると、第2戦車師団は、アメリカ第2機甲師団との間で全面戦闘状態に陥り、その後方では、戦車教導師団と第9戦車師団が、第14騎兵グループとの戦闘に巻き込まれていた。第9戦車師団による突破救出の試みは無駄に終わり、アメリカ第2機甲師団は高い犠牲を払いながらも、ユマンを奪回した。第2戦車師団の大半はセル周辺で罠に掛かり、救出の見込みも立たなかったことから、装備を捨てての小部隊による脱出戦に移行せざるをえなかった。そして12月末までには、第2戦車師団は部隊としての結束を失っていたのである。コリンズの第7軍団が到着したことで、マントイフェルはミューズ河に到達するいかなる可能性も潰えたことを悟り、アルデンヌ攻勢はここに事実上終了した。

　一方、12月19日の夜には、パットン第3軍主力がバストーニュに向かい

12月24日、第2機甲師団はSS第2装甲師団の側面に襲いかかった。写真は、フランドゥー近郊で歩兵を搭載して攻撃作戦に移るM4A1（76mm）部隊。（国立公文書館）

約240kmの道のりを進み始めていた。先鋒に立った第4機甲師団は、1ヶ月に及ぶザール地方での戦いで大幅に戦力を減らし、補充も受けていない状態だった。19日の時点で、第4機甲師団は149両のシャーマンを保持し、そのうち13両がM4A3（76mm）だった。師団全体では15%の車両が機械的故障を抱えた状態だったため、定数168両に対して、シャーマン127両が同師団の保有戦車戦力ということになる。バストーニュに向かう道程のうち、最初の160kmはわずか19時間で走破したが、最後の25kmを切り開くために、4日間の戦闘を強いられた。そして、師団の最初の部隊がバストーニュの外縁部にたどり着いたのは、12月24日になってのことであり、最初の車両がバストーニュ市街に入ったのは、さらに遅れて12月26日の午後だった。翌日には師団の残りの部隊がバストーニュに到着したが、作戦可能なシャーマンは76両、これとは別に45両が機械的故障を抱えていた。この行軍の中で、新品のM4A3（76mm）は良好な状態を保ち、故障は発生していない。実のところ、故障は75mm砲搭載のM4シャーマンに集中していて、その車両のほとんどは1944年8月から戦い続けていた古強者であり、例外なく3,000kmは走行していた車両ばかりである。これはシャーマンの耐久性能の高さを示す好例である。増援としてバストーニュに到着した第4機甲師団は、懸架装置を改良し、幅広の履帯を装着した20両のM4A3E8を補充車両として受け取った。

　クリスマスからの数日後、失敗に終わりかけているアルデンヌ攻勢の絶望的な状況を挽回するために、ドイツ国防軍は兵力をかき集めてバストーニュに対する総攻撃を実施した。この攻撃には、それまで北方戦区の付け

1944年12月24日　ベルギー、フレヌーを攻撃中のパンター

12月24日の朝、ランガンケ小隊がフレヌーに対して攻撃を開始した直後の情景を描いている。村を見下ろす高台からパンターがゆっくりと降りていく場面で、見晴らしの良い地形と、雪に覆われた牧草地、そして点在する林の様子が見て取れる。ランガンケ小隊のパンターは、戦闘が始まる直前まで、各々が6～8名の擲弾兵を跨乗させていた。

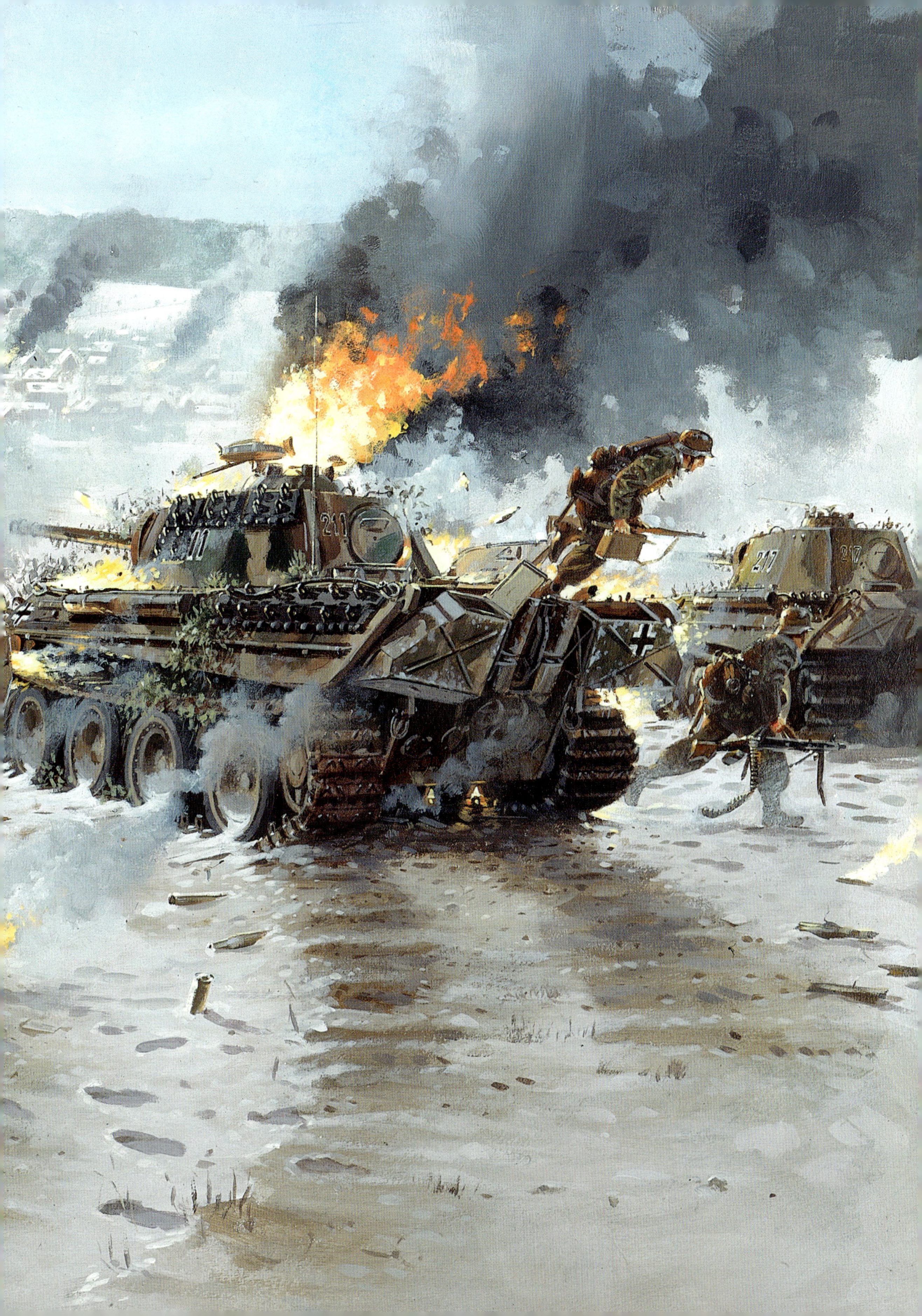
211
217

1944年12月27日、アメリカ第2機甲師団との戦いによって、ユマン近郊で撃破された第9戦車連隊のパンターG型。撮影は翌28日のもの。（国立公文書館）

根を支えていたSS第1戦車師団も参加している。しかし、ドイツ軍にとってはすべてが手遅れであり、アメリカ第3軍とアメリカ第9軍から続々と到着する増援によって、アメリカ軍の前線兵力は圧倒的になっていた。ディートリッヒのSS第6戦車軍は、12月27日に防御態勢へと移行した。このドイツ軍の攻勢によってアルデンヌ地区に形成された突出部、すなわちバルジを掃討するまでに、このあとアメリカ軍は三週間の時間を必要としたが、それはドイツ軍の抵抗もさることながら、酷い悪天候による作戦の遅延が主な原因だった。

統計と分析
Statistics and Analysis

■**1944年の戦車戦：主役は技術か、あるいは戦術か?**

　1944年秋に発生した戦車戦は、一般的な戦車戦とはかなり様相を違えたものであり、大規模な戦車同士の戦闘はほとんど発生していない。アメリカ陸軍弾道学研究所では、戦車戦に関する作戦上の視点からの分析を通じて、戦場で勝敗を決する要素を導き出す研究を行なっている。統計に必要となる両軍の数字は、通常、戦時下では得られないため、検証チームはアメリカ第3機甲師団と第4機甲師団の戦闘記録を元に検証した。この二つは、他の機甲師団と比べて戦車戦を経験した機会が多かったためである。結果、1944年8月から12月31日までの期間に、アルデンヌの戦いで発生した33回を加え、合計、約98回の戦車戦が確認されている。

　記録からは、いわゆる戦車戦は小規模な部隊の間で発生したことがわかる。1回の戦車戦における平均参加車両数は、アメリカ軍で9両、ドイツ軍は4両となる。しかも、3両以上のドイツ軍装甲戦闘車両が参加した戦いは、全体の1/3を下回る。アメリカ軍戦車がドイツ軍を撃破した平均交戦距離は893mで、ドイツ軍側の数字は946mとなっている。

　研究では、戦車戦におけるもっとも重要な要素は、どちらが先に相手を発見できるか、これに尽きると結論している。「先に発見し、先に攻撃し、先に命中弾を与える」という原則である。これにしたがうと、通常、巧妙に隠蔽された陣地から戦場を監視できる防御側の方が、戦車戦では優位となる。防御側は、戦場への接近経路を把握し、交戦距離を事前に設定できるため、正確な射撃が可能になる。これとは対照的に、攻撃側は移動中であるのが常で、第2次世界大戦の戦車は、まだ技術的に未熟なため、移動中の射撃精度は極めて低かった。戦車戦の研究に拠れば、交戦記録のうち実に84％で、防御側が初弾を放っている。そして、防御側が初弾を撃った戦闘では、攻撃側の損害は平均して防御側の4.3倍に達する。攻撃側が最初に射撃した例を見ると、防御側の損害は、攻撃側の3.6倍となっている。このように、先制射撃がもたらす有利は、戦術的な成功例ではなく、統計的な数字からはっきりと裏付けられている。最初に発見し、初弾を命中させた側は、単にその命中弾によって物理的に優位になるだけではない。多くの場合で、隣接する自軍戦車部隊も同様の状態にあるため、戦闘開始から数分間の決定的な時間の主導権を握れることが重要である。戦車戦は短時間で行なわれ、内容も激しいために、敗北を認めた側は、全滅するよりも早く戦場から退却する傾向にある。

　また、研究では、特定の戦車の技術的優位が戦車戦の結果になんらかの影響をもたらしたとする仮説を証明するには至っていない。これは実例の内容が乏しく、まともなデータが不足しているためである。パンターとシ

ャーマンが関与している29例の戦車戦において、シャーマンは1.2：1の割合で、数的優勢を享受している。データが示すところによれば、防御側に立ったときのパンターの有用性はシャーマンの1.1倍に相当し、逆に防御側に立ったときのシャーマンの有用性は、8.4倍に相当するという。そしてすべての記録を総合すると、シャーマンの有用性は、パンターの3.6倍となる。この比率は、戦争を通じてのシャーマンとパンターの損害交換比率には当てはまらず、また、不正確なデータに依存した数字でもある。にもかかわらず、パンターがシャーマンに対して5：1の損害比率を確保していたとか、パンター1両を葬るためには、シャーマンが5両は必要であると言ったような、人口に膾炙した伝説を裏付ける歴史的事実は存在しない。戦車戦の結果は、技術的な比較よりも、戦術的環境によって決定される。技術の優劣よりも、戦術的な状況が重要なのである。乗員の訓練も、戦車戦では重要である。経験豊富な車長は、敵を発見する能力に長け、優れた乗員はスムースな動作で射撃準備を整え、最後に、優れた砲手によって命中弾が叩き込まれるからだ。しかし結局は、良好な場所に隠蔽された、並の戦車兵が搭乗する凡庸な戦車の方が、優秀な戦車兵が操作する作戦行動中の新鋭戦車に優るのである。

　1950年代になり、アメリカ軍では朝鮮戦争における戦車戦について、より正確なデータを元にした研究を行なっている。そして研究の結論として、最初に発見し、命中させる原則にしたがった場合、戦車の戦闘効率は6倍にまで跳ね上がり、防御時のアメリカ軍戦車の有用性は、攻勢時のそれに比較して3倍に達することが明らかになっている。また、技術的優位がもたらす有効性についても正確な研究がなされ、M26パーシング重戦車は、M4A3E8よりも3.5倍の性能を発揮していることが明らかにされた。

シャーマンの砲手の視点

800ヤードの距離でパンターが接近中。砲手は、砲撃が巻き上げる粉塵と土埃に悩まされていた。

砲弾の曳光は目標にしたパンターのわずか上を飛んでいった。状況に応じて、指揮官ないし隣接する僚車によって指示が与えられる。

M26パーシングは、ことあるごとに火力と装甲面でパンターの比較対象とされてきたことから、この研究結果は非常に興味深い。第2次世界大戦におけるシャーマンとパンターの純粋な技術的な比較は、乗員の練度に格差がありすぎるため、難しい。しかし、その一方で、朝鮮戦争においてはM26とM4A3E8の間に乗員練度が影響する余地は少ないため、結果には一定の信憑性を置くことができる。

■評価

　第2次世界大戦に登場した戦車を兵器としての有用性で判断することは、結局のところ、分析の方法に依存する。戦闘時に、パンターと直面して幸せな気分でいられる戦車兵などアメリカ軍にはいないし、規模が小さなパンター部隊が相手であれば、シャーマンは数で押し切れると聞いて心が安らぐ指揮官もいない。正面からの殴り合いとなれば、パンターG型はM4A3（76㎜）を遙かに凌ぐ性能を持っているのだ。それでも技術面での優越が戦場での勝利を約束するわけではなく、戦術こそが、しばしば死命を決している。1944年から翌年にかけて、ヨーロッパ北西部で発生した戦闘では、戦車戦そのものは重要ではなく、攻防戦における諸兵科連合効果の善し悪しが勝敗の行方を決めていた。現代戦の武器システムは量と質のバランスが要求される。与えられた任務を遂行するだけの数的裏付けがあり、またその任務に対しては必要充分な能力を兼ね備えていたという点で、M4A3（76㎜）は、パンターG型よりも明らかに優れた戦車であった。シャーマンは、質と量の両面におけるバランスという観点で、パンターを凌駕していたのである。パンターは高価で複雑すぎる兵器であり、結果として、戦車連隊におけるⅣ号戦車の代役とはなり得ず、1944年12月にな

76㎜砲搭載型シャーマンの主砲、76㎜砲M1A2の照準は、M71D望遠照準器で行なわれる。ここでは、標準的な交戦距離である800ヤード（720m）を想定して説明する。パンターとは異なり、シャーマンの砲手には周辺確認用の専用のペリスコープが与えられていたため、敵に対する射撃の時だけ望遠照準器を使用した。M71D望遠照準器には5倍の望遠モードしか無かったが、周辺が暗く光量が不足している場合に備え、標準針を発光させるスイッチが用意されていた。照準針はM62被帽付徹甲弾を基準に設定されていて、M42A1榴弾については、1,000ヤード以内であれば、同じ弾道特性で使用できた。照準針はヤード単位で表示されていて、車長が攻撃目標の指示を含む、目標までの距離を概算で見積もり、砲手が望遠照準器を通じてより正確な調整を施した。車長から砲手に対して向けられる、砲撃までの典型的なやりとりは次のようになっている。

命令	意図
砲手（Gunner）	砲手への注意の促し
戦車（Tank）	攻撃目標の種別指示
徹甲弾（Shot）	装填手に対する砲弾の種類の指示
旋回……右（Traverse Right）	砲身の現在方向から目標の位置
そのまま保て（Steady On）	砲塔旋回の継続から、目標への照準指示
800（Eight Hundred）	目標までのおよそのヤード距離
撃て（Fire）	射撃許可

実際は、このようなやりとりには時間が掛かりすぎるため、頻繁に用いられるタイプの指示は「丘の右側、炎上中のヤツの向こうの戦車を撃て」のように、乗員の間でより簡素化されていた。

っても、戦車部隊の半数さえ満たすことができなかった。パンターは歩兵師団にはまったく供給されず、彼ら歩兵はいささか扱いやすさで劣る突撃砲に依存することを強いられていた。対照的に、膨大な数が生産されていたシャーマンは、機甲師団はもちろんのこと、独立戦車大隊として歩兵師団に割り当てることが可能だった。戦車の支援を常に期待できる歩兵師団の能力は、とりわけ攻勢時において威力を見せた。さらに言うならば、アメリカ陸軍がこだわった戦車の機械的信頼性は、単に陸軍が数を保有するだけでなく、戦場における稼働率の維持にも大きく貢献した。機械的な故障による稼働率の低下は、パンター大隊に比べれば遙かに低かったのである。

　2週間の激戦を終えたとき、アルデンヌに投入されたパンター装備の戦車連隊はことごとく消耗し尽くし、作戦開始時には415両を数えていた戦

軍需部門がパンターの脅威をしっかりと把握していなかったために、欧州戦区の戦車部隊は、自らの経験によって学んでいくしかなかった。第12軍集団では、M4A3E8の車体前面に追加装甲を施し、同軸機銃を12.7mm口径に変更するだけでなく、車長用にも同口径の機銃を追加するなどの独自改修によって、問題解決を試みた。（国立公文書館）

原料不足の影響で、1944年を通じてパンターの装甲用鋼板の質は劣化している。写真の戦車教導師団のパンターG型は、クリスマス後に実施されたブワソンヴィルの戦闘で撃破された。砲塔正面の側面近くに命中した2発の砲弾により、装甲が破砕しているが、通常であれば小さい穴があく程度の命中弾によって、かなりの部分が欠損してしまったことが確認できる。（国立公文書館）

パンサー装備部隊におけるパンターと兵員の装備充足率（1944年秋）

日時（1944年）	9/1～5		10/1		11/1		12/16		アルデンヌ攻勢での損失*
	パンター	兵員	パンター	兵員	パンター	兵員	パンター	兵員	パンター
第3戦車連隊（第2戦車師団）	3	43%	0	68%	5	67%	64	96%	20
第33戦車連隊（第9戦車師団）	26	76%	53	85%	45	97%	60	100%	16
第16戦車連隊（第116戦車師団）	1	68%	28	83%	44	92%	64	96%	30
第130戦車連隊（戦車教導師団）	13	54%	0	85%	16	99%	29	95%	6
SS第1戦車連隊（SS第1戦車師団）	4	74%	3	81%	25	95%	42	100%	30
SS第2戦車連隊（SS第2戦車師団）	6	58%	1	79%	1	100%	58	100%	24
SS第9戦車連隊（SS第9戦車師団）	5	35%	19	54%	2	100%	58	124%	30
SS第12戦車連隊（SS第12戦車師団）	4	29%	3	75%	23	89%	41	100%	24
合計数／平均割合	62	55%	107	75%	161	92%	416	101%	180

*ドイツ軍が回収できた破損車両は含まず。

1945年1月15日、遺棄されたIV号戦車を尻目に、バストーニュから北方に延びるウーファリーズ街道を北上する、第11機甲師団第42戦車大隊所属のM4A3（76mm）。到着したばかりの同師団は、75mm装備と76mm装備のシャーマンをそれぞれ全体の半数の割合で配備していた。（国立公文書館）

車のうち、43%にあたる180両が失われていた。残りの235両を見ても、作戦可能な車両はそのうち45%に過ぎず、残りの55%にはなんらかの機械的トラブルが発生しているか、戦闘による損傷が残っていた。一方、アルデンヌ攻勢の矢面に立たされたアメリカ第1軍では、12月末までに320両のシャーマンを喪失した。そのうち90両がM4A1/A3（76㎜）であり、当時の保有戦力に対して、約1/4に相当する損害である。しかし、継続的な増援によって、1944年12月末のアメリカ第1軍は1,085両のシャーマンを保有しており、そのうち980両が作戦可能な状況であった。機械的故障ないし戦闘損害によって稼働できない戦車の割合は、わずか9%に留まっていたのである。

パンターの脅威にとどめを刺すために、連合軍空軍は戦車工場に対する爆撃を強化した。MHN工場（機械製工所ニーダーザクセン＝ハノーファー）は、資材の供給停止と組み立て工場への度重なる爆撃の結果、1945年3月に操業停止に追い込まれた。（国立公文書館）

アメリカ軍第12集団のシャーマン配備状況
75mm砲搭載型と76mm搭載型の比較（各月初）

	'44.9	'44.10	'44.11	'44.12	'45.1
独立戦車大隊					
75mm砲搭載型	527	508	647	525	695
76mm砲搭載型	95	37	166	177	259
小計	622	545	813	702	954
76mmの割合	15.2%	6.7%	20.4%	25.2%	27.1%
機甲師団					
75mm砲搭載型	832	719	1,041	852	955
76mm砲搭載型	182	202	239	423	359
小計	1,014	921	1,280	1,275	1,314
76mmの割合	17.9%	21.9%	18.6%	33.1%	27.3%
第12軍集団					
75mm砲小計	1,359	1,227	1,688	1,377	1,650
76mm砲小計	277	239	405	600	618
合計数	1,636	1,466	2,093	1,977	2,268
76mmの割合	16.9%	16.3%	19.3%	30.3%	27.2%

アメリカ軍第1軍　シャーマン配備／損失状況（1944年秋）

	9月		10月		11月		12月	
	稼働車両*	損失	稼働車両	損失	稼働車両	損失	稼働車両	損失
第2機甲師団	221	7	197	17	n/a		187	26
第3機甲師団	193	74	193	12	196	51	176	44
第5機甲師団	137	20	143	10	142	3	131	48
第7機甲師団	n/a**		117	37	n/a		102	72
第9機甲師団	n/a		167	0	167	0	158	45
第10機甲師団	n/a		n/a		n/a		156	7
第70戦車大隊	48	3	52	0	41	23	31	9
第707戦車大隊	54	0	52	0	43	26	40	26
第709戦車大隊	n/a		38	0	36	5	33	12
第740戦車大隊	n/a		n/a		9	0	17	5
第741戦車大隊	40	5	41	0	49	0	47	18
第743戦車大隊	43	1	34	22	n/a		40	9
第745戦車大隊	44	7	35	17	31	5	27	5
第746戦車大隊	42	17	34	16	33	4	37	8
第747戦車大隊	40	5	45	1	47	16	n/a	
第750戦車大隊	n/a		n/a		n/a		47	7
第771戦車大隊	n/a		n/a		n/a		42	9
第774戦車大隊	n/a		53	0	52	0	49	17
合計	862	139	1,201	132	846	133	1,320	367

*月内の平均稼働数
**この時は第1軍に配備されていない。

結論
Conclusion

　第2次世界大戦最良の戦車として、パンターの名が挙げられるのが常識となっている。しかし、1944年から翌年にかけての、欧州戦区におけるアメリカ軍との戦いでは、特に攻勢に用いられた際に、パンターが乏しいパフォーマンスしか見せていないことがはっきりとする。ベテラン戦車兵が指揮する一握りのパンターが、小部隊戦術によってアメリカ軍戦車部隊に甚大な被害を与えた例も、時折は見られるが、戦局全体に影響を及ぼす力にはなっていない。パンターに盛り込まれた技術的長所も、戦争末期のドイツ軍の全般的退勢を覆すには至らなかった。工場が破壊されたことで、生産供給は不足し、品質の維持も困難となり、予備部品の準備もままならなかった。特に深刻な燃料不足は、作戦行動のみならず訓練の質も劣化させる原因となった。戦争後半の戦車兵の質の低下はアヴランシュ、ロレーヌ、アルデンヌなど、各地で反撃作戦が失敗に終わった主要因でもある。一方、シャーマンは欧州戦区においては戦術的な成功例を演出したと評価できるだろう。なぜなら、密接な関係を維持した歩兵と主に諸兵科連合部隊を編成し、洗練された砲兵支援と充分な航空支援が得られたことを背景として、理にかなった戦術上の意志決定の中で、自らの役割を得ていたからである。ドイツ軍の上級司令部に関する歴史的研究で知られるP.E.シュラム少佐（博士）は、ドイツ国防軍に対するアメリカ陸軍の機甲部隊の優越を、バルジの戦いは如実に証明したと結論している。

　第2次世界大戦が終わると、パンターは戦場からすぐに姿を消したが、その影響力はいつまでも消えなかった。毒針の様なパンターの75mm長身砲の記憶が、連合軍各国の軍事関係者にこびりつき、1940年代後半を通じて、より洗練された中戦車の開発へと掻き立てたからである。その結果

ベルギー、ステルピニーにある教会の近くで撃破された第9戦車師団のパンターG型。1944年12月末、第703戦車駆逐大隊のM36戦車駆逐車が放った90mm砲の直撃を車体後部に受けて撃破された。（国立公文書館）

これも1944年のクリスマスの後、オットンを巡る激戦のさなかに、車体側面の貫通弾によって撃破されたパンターである。パンターG型における主要な改造点である、砲塔防盾下部を見ると、外縁板付防盾(いわゆる「アゴ」)の特徴がはっきりとわかる。(国立公文書館)

が、アメリカ軍のM26パーシングであり、イギリス軍のセンチュリオンであり、ソ連軍のT-54である。これらの戦車は、パンターの火力と装甲防御力の影響を強く受ける一方で、同車の機械的信頼性と生産性の低さを克服する試みが盛り込まれていた。バルジの戦いは、戦車生産における重要な転換点をもたらした。第2次世界大戦では当たり前だった軽戦車、中戦車、重戦車といった区分に対して、根本的な疑問が投げかけられたのである。軽戦車の存在意義は、確実に失われていた。そしてパンターをはじめとする新型中戦車は、重戦車の役割を奪いつつあった。以上のような理由から、パンターが現代の主力戦車(MBT)の先祖であると見なされるようになったのである。

参考文献
Bibliography

　本書は、アメリカ陸軍が所蔵している未刊行の資料を元に書かれている。例えばETO AFV & Wセクションでは、アメリカ軍戦車各々の種別の稼働状況や修理状況に関する日報を保管しているが、本書ではシャーマンの信頼性に関する裏付けとして参照した。同様に、第12軍集団、第1軍をはじめ、その他の部隊の司令部に関する装備および損失記録も、本書の裏付けとして用いられた。以下に挙げたアメリカ軍戦略爆撃調査の他に、私はパンターの生産計画に関与していたMHN社やダイムラー・ベンツ社の工場を爆撃した部隊記録も参考にしている。またバルジの戦いに関するドイツ軍の立場は、無数の海外軍事研究から得たものである。また国立公文書館で閲覧できる膨大なアメリカ陸軍戦闘報告書をはじめ、個別部隊、アメリカ軍機甲師団、戦車大隊の部隊史に関する数多くの資料については、紙幅の関係からとてもここに書ききれなかった。公文書館の記録は、メリーランド州カレッジパークの国立公文書館やペンシルヴァニア州カーライル・バラックのアメリカ陸軍軍事歴史博物館で確認できるほか、イギリス軍の記録については、ボーヴィントンの戦車博物館でほぼ網羅できる。

■**British Army**

British Intelligence Objectives Sub-Committee, Ministry of Supply, Investigations in Germany by Tank Armament Research（1946）

Department of Tank Design, Preliminary Report on Armour Quality and Vulnerability of Pz.Kw.Mk V Panther, Chobbam Report M6815A/3

ミューズ河まであとわずかの地点まで迫った直後、第2戦車師団の先遣隊はセルの町で包囲され、アメリカ第2機甲師団の攻撃によって壊滅した。写真は遺棄されたパンターG型とⅣ号戦車。Ⅳ号の車体後部に、師団章の三つ叉の槍のシンボルが確認できる。（国立公文書館）

Fighting Vehicles Design Department,The Transmission of the German Panther Tank,Report No.TN 65/1 (1946)

[

Military Operational Research Report,Motion Studies of German Tanks,No.61,Study No.11

■German Army

Generalinspekteur der Panzergruppen,Panther-Fibel (D655/27)

■US War Department

Armored School,Armor at Bastogne (May 1949)

Armored School,Armor Under Adverse Conditions: 2nd and 3rd Armored Divisions in the Ardennes Campaign (1949)

Armored School,2nd Armored Division in the Ardennes (1948)

Army Ground Force Observer Board,ETO,Reports of Observers-ETO: 1944-45,Volume VI (1945)

Army Concepts Analysis Agency,Ardennes Campaign Data Base (1995)

Ballistics Research Laboratories,Data on WWII Tank Engagements Involving the US Third and Fourth Armored Divisions,Memo report No.798 (1954)

General Board, Tank Gunnery, Study No.53 (1946)

HQ ETO AFV & W Section,Daily Tank Status June 1944-May 1945

Office of the Chief of Military History,Tank Fight of Rocherath-Krinkelt (Belgium) 17-19 December 1944 (1952)

Office of the Chief of Military History,Ardennes Campaign Statistics 16 December 1944-19 January 1945 (1952)

Operational Research Office,Survey of Allied Tank Casualties in World War II,ORO-T-117 March (1951)

Operational Research Office,Tank-vs.-Tank Combat in Korea,ORO-T-278 March (September 1954)

US Strategic Bombing Survey, (German) Tank Industry Report (1947)

US Strategic Bombing Survey,Maschinenfabrik Augsberg-Nurnberg,Nurnberg,Germany (1947)

US Strategic Bombing Survey,Maybach Motor Works,Friedrichshafen,Germany (1947)

War Department, Medium Tank M4 (105mm Howitzer) and Medium Tank M4A1 (76mm Gun) ,TM9-731AA (June 1944)

Watertown Arsenal Lab,Metallurgical Examination of 3 1/4" Thick Armor Plate form a German Pzkw Panther Tank,Report 710/715 (January 1945)

Watertown Arsenal Lab,Metallurgical Examination of Armor and Welded Joints from the Side of German Pzkw Panther Tank,Report 710/715 (May 1945)

■US Army Foreign Military Studies,Office Chief of Military History

Bayerlein,Fritz, Panzer Lehr Division a Dec 44-26 Jan 45 (A-941)

Kraas,Hugo,12th SS Panzer Division 15 Nov-15 Dec 1944 (B-522)

Lehmann,Rudolf,I SS Panzer Corps-Ardennes-Special Questions (A-926)

Peiper,Joachim,Kampfgruppe Peiper (C-004)

——,I SS Panzer Corps- 15 Oct-16 Dec 1944 (B-577)

Preiss,Hermann,Commitment of the I SS panzer Corps during the Ardennes Offensive (A-877)

Stumpff,Horst,Tank Maintenance in the Ardennes Offensive (Ethint-61)

von Manteiffel,Hasso,Fifth Panzwer Army - Ardennes Offensive (B-151,B-151a)

Wagener,Carl,Main Reasons for the Failure of the Ardennes Offensive (A-963)

■ Books

Bird,Lorrin,and Robert Livingstone,World War II Ballistics: Armor and Gunnery,Albany,NY,Overmatch(2001)

Cavanagh,William,The Battle East of Elsenborn & the Twin Villages,Barnsley,UK,Pen & Sword(2004)

De Meyer,Stephan,et.al.,Duel in the Mist: The Leibstandardte During the Ardennes Offensive, Vol.1,AFV Publications(2007)

Dugdale,J.,Panzer Divisions,Panzer Grenadier Divisions,Panzer Brigades of the Army and Waffen SS in the West: Ardennes and Nordwind,Their Detailed and Precise Strength and Organizations(Vol.I,Part 1: September 1944;Part 2: October 1944;Part 3:Nobember 1944,Part 4A,4B,4C: December 1944),Military Press,Buckinghamshire,UK(2000-2005)

Hahn,Fritz,Waffen und Geheimwaffen des deutschen Heeres 1933-45,Band 2:Panzer und Sonderfahrzeuge,Wunderwaffen, Verbrauch und Verluste,Berard & Graefe,Berlin(1987)

Hubert Meyer,the History of the 12.SS-Panzerdivision Hitlerjugend, Fedrowicz,Winnipeg,Manitoba(1944)
※『SS第12戦車師団史ヒットラー・ユーゲント』（上・下）（大日本絵画刊）

Jents,Thomas,Germany's Panther Tank:The Quest for Combat Supremacy,Schiffer,Atglen,PA(1995)

Spielberger,Walter,Panther and its Variants,Schiffer,Arglen,PA(1993)
※『パンター戦車』（大日本絵画刊）

Tiemann,Ralf,The Leibstandarte Volume IV/2,Fedorowicz,Winnipeg,Manitoba(1998)

Vannoy,Allyn,and Jay Karamales,Against the Panzers: US Infantry vs.German Tanks 1944-45,McFarland,Jefferson,NC(1996)

Winter,George,Freineux and Lamormenil-The Ardennes,Fedorowicz, Winnipeg,Manitoba(1990)

——Manhay,The Ardennes:Chiristmas 1944,Fedorowicz,Winnipeg, Manitoba(1990)

◎訳者紹介 | 宮永 忠将

上智大学文学部卒業。シミュレーションゲーム専門誌「コマンドマガジン」編集を経て、現在、歴史、軍事関係のライター、翻訳、編集者、映像監修などで活動中。訳書「オスプレイ"対決"シリーズ2 ティーガーI重戦車vs.ファイアフライ」「オスプレイ"対決"シリーズ4 パンターvs.T-34」「世界の戦場イラストレイテッド2 パールハーバー 1941」「世界の戦場イラストレイテッド4 硫黄島の戦い1945」「世界の戦車イラストレイテッド38 シャーマン・ファイアフライ」「世界の戦車イラストレイテッド39 装甲列車」など。

オスプレイ"対決"シリーズ 6

パンター vs シャーマン
バルジの戦い 1944

発行日	2010年2月20日　初版第1刷
著者	スティーヴン・J・ザロガ
訳者	宮永忠将
発行者	小川光二
発行所	株式会社 大日本絵画 〒101-0054　東京都千代田区神田錦町1丁目7番地 電話：03-3294-7861 http://www.kaiga.co.jp
編集・DTP	株式会社 アートボックス http://www.modelkasten.com
装幀	八木八重子
印刷/製本	大日本印刷株式会社

© 2001 Osprey Publishing Ltd
Printed in Japan
ISBN978-4-499-23016-2

PANTHER VS SHERMAN
Battle of the Bulge 1944

First published in Great Britain in 2001 by Osprey Publishing,
Midland House, West Way, Botley, Oxford OX2 0PH.
All rights reserved.
Japanese language translation
©2010 Dainippon Kaiga Co., Ltd

販売に関するお問い合わせ先：03(3294)7861　㈱大日本絵画
内容に関するお問い合わせ先：03(6820)7000　㈱アートボックス